ADAC

Rhodos

von Klio Verigou

W0326646

10 **ADAC Top Tipps**

Das müssen Sie gesehen haben! Die zehn Top Tipps bringen Sie zu den absoluten Highlights.

25 **ADAC Empfehlungen**

Unterwegs gut beraten: Diese 25 ausgesuchten Empfehlungen machen Ihren Urlaub perfekt.

Preise für ein DZ mit Frühstück:
€ | bis 70 €
€€ | bis 140 €
€€€ | ab 140 €

Preise für ein Hauptgericht:
€ | bis 10 €
€€ | bis 20 €
€€€ | ab 20 €

Intro

ADAC Quickfinder

Hier finden Sie die Orte, Sehenswürdigkeiten und Attraktionen, die perfekt zu Ihnen passen.

Unterwegs

7

1

Zu diesen Orten und Sehenswürdigkeiten finden Sie Detailkarten im Innenteil des Reiseführers.

Service

Umschlag:

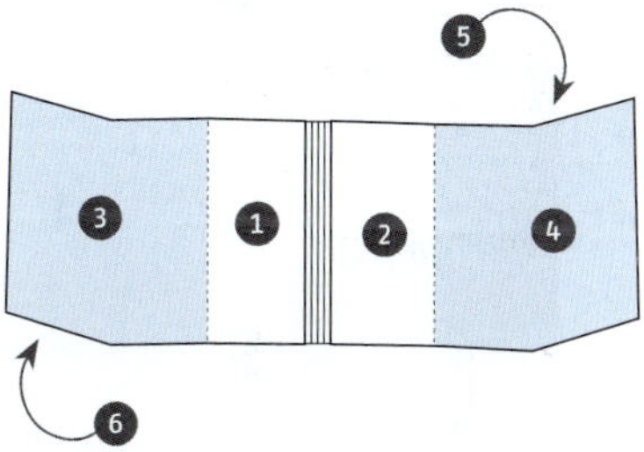

ADAC Top Tipps: Vordere Umschlagklappe, innen 1
ADAC Empfehlungen: Hintere Umschlagklappe, innen 2

Übersichtskarte Rhodos Nord: Vordere Umschlagklappe, innen 3
Übersichtskarte Rhodos Süd: Hintere Umschlagklappe, innen 4
Stadtplan Rhodos-Stadt: Hintere Umschlagklappe, außen 5
Ein Tag in Rhodos-Stadt: Vordere Umschlagklappe, außen 6

Insel der Sonne zwischen Orient und Okzident

Im Zauber der Antike und des Mittelalters, umrahmt von goldgelben Stränden und tiefblauem Meer

Ein schmaler Strand verbirgt sich in der Anthony-Quinn-Bucht an Rhodos' Ostküste

Rund 300 Sonnentage im Jahr, unzählige Strände, reizvolle Landschaften, atemberaubende Aussichten, uralte Kirchen, wildromantische Burgruinen, charmante Dörfer und eine Inselmetropole, die geschichtsträchtiger nicht sein könnte – all das ist Rhodos. Griechenlands viertgrößte Insel ist trotz der Lage im äußersten Südosten der Ägäis eine der grünsten, hat viele Facetten und wird ganz verschiedenen Ansprüchen von Besuchern aus aller Welt gerecht.

Es kommt nicht von ungefähr, dass Rhodos eines der wichtigsten Flaggschiffe im griechischen Tourismus ist. Die Sonneninsel fasziniert mit bewaldeten Hügeln, fruchtbaren Ebenen und verträumten Tälern. Wer Rhodos im Frühling besucht, staunt über den Farbenreichtum in Gärten, Parks und Wäldern. Uralte Olivenbäume sorgen für eine silbrig-grüne, Pinien und Kiefern für eine dunkelgrüne Kulisse. Eingestreut in die wunderschöne Landschaft sind urige Dörfer mit Charme, uralte Klöster und Kirchen mit verborgenen Schätzen sowie spannende Zeugnisse aus der Antike, dem Mittelalter und der ersten Hälfte des 20. Jahrhunderts. Die Küste wird von lebhaften Urlaubsorten und

quirligen, aber auch einsamen Stränden gesäumt; Wassersport steht neben anderen Sportarten wie Reiten oder Mountainbiken hoch im Kurs. Braucht man mehr für einen gelungenen Urlaub?

Sonnenbaden, Schwimmen, Surfen

Umspült von Wasser in allen erdenklichen Blau- und Türkisnuancen, zeigt sich die 253 Kilometer lange Küstenlinie vielfältig. Sonnenanbeter, Badenixen und Wassersportler finden an endlos anmutenden Stränden ebenso ihr Urlaubsglück wie in malerischen Buchten. Wellenreiter treffen sich an den Surfspots Ixiá und Prasonísi. Familien mit Kindern zieht es an flach abfallende Strände wie in Kolímbia, Péfki oder Ammoúdes bei Faliráki. Die hippe Szene gibt sich in schick gestylten Beach-Bars, z. B. in der Kallithéa-Therme, ein Stelldichein. Romantiker und Einsamkeitsfans locken abgelegene Buchten etwa am Kap Foúrni oder die kilometerlangen, oft menschenleeren Strände bei Kattaviá oder Gennádi. Keinesfalls verpas-

Zu Füßen der Akropolis von Líndos: die Ágios-Pávlos-Bucht (unten) – die Altstadt von Rhodos-Stadt (ganz unten)

sen sollte man die postkartenreifen Buchten Anthony Quinn und Ágios Pávlos, in denen man auch sehr gut schnorcheln kann.

Fotogen: die bunten Häuser von Sými-Stadt (oben) – Gemüsehändler auf der Platía von Afándou (Mitte) – Mariendarstellung im Kloster Skiádi (unten)

Rhodos-Stadt, Líndos und mehr

Absolutes Muss ist ein Besuch von Rhodos-Stadt, die ein bezauberndes Potpourri aus westlicher und orientalischer Kultur darstellt. Die wuchtigen mittelalterlichen Mauern der Johanniterritter umsäumen dort jahrhundertealte Relikte aus mehreren Epochen. Mit Spuren aus der Antike, dem Mittelalter und der osmanischen Zeit hat sie es zum UNESCO-Weltkulturerbe gebracht. Drum herum reizt die Neustadt trotz unattraktiver Betonbauten auch mit Architektur aus der ersten Hälfte des 20. Jahrhunderts und dem wohl meistfotografierten Hafen der Insel: Mandráki. Mit zahlreichen Attraktionen, darunter dem Großmeisterpalast, der Ritterstraße und dem Archäologischen Museum, lockt Rhodos-Stadt zum Sightseeing. Ebenso gut kann man

in der Inselmetropole aber auch shoppen, essen, ausgehen und einen Strandbesuch mit einplanen.
Ganz anders als Rhodos-Stadt, aber mindestens genauso schön zeigt sich Líndos. Das Bilderbuchdorf schmiegt sich mit seinen weiß getünchten Häusern an einen kahlen, von zwei Buchten gesäumten Felsen, auf dem Reste der antiken Akropolis der Zeit zu trotzen scheinen. Weitere Dörfer, die vor allem das ursprüngliche Griechenland präsentieren, liegen oft nur einen Katzensprung von Urlaubsorten wie Ialyssós oder Faliráki entfernt. In den dortigen »kafenía«, den urigen Kaffeehäusern, oder in den Dorftavernen rund um die zentrale »Platía« (Platz) kann man gemütlich die Seele baumeln lassen, z. B. in Psínthos, Afándou oder Lachaniá. Zu weiteren Entdeckungstouren locken mitten im Nirgendwo weilende Klöster und die reizvolle Landschaft. Außergewöhnliche Naturerlebnisse sind das Schmetterlingstal (Petaloúdes) und Eptá Pigés. Grandiose Ausblicke versprechen u. a. die Gipfelkapelle Moní Panagía Tsambíka und der Filérimos-Hügel. Von Letzterem kann man wie vom Monte Smith in Rhodos-Stadt sogar die türkische Küste erspähen.

Inselhopping gefällig?

Urlaub in der Ägäis ohne Inselhüpfen? Für viele Griechenland-Urlauber undenkbar! Mit Rhodos sind viele Eilande des Dodekanes gut verbunden. Und obwohl der Name des Archipels auf »zwölf Inseln« schließen lässt, sind es sogar 15 Hauptinseln und fast hundert Felsinselchen, die zusammengehören. Am meisten Zeit, ein wenig andere Inselluft zu schnuppern, hat man bei Tagesausflügen zu den schnell erreichbaren charmanten Nachbarinselchen Sými und Chálki.

Badefreuden verspricht der Strand am Kap Foúrni an Rhodos' Südwestküste

Der wechselvollen Geschichte auf der Spur

Rund 2500 Jahre Geschichte scheint auf Rhodos allgegenwärtig. Die Ruinen antiker Städte und Kultstätten faszinieren oft mit grandiosen Ausblicken. Die spannende Ära der Antike, die mit den drei Stadtstaaten Líndos, Ialyssós und Kámiros begann und mit der Gründung von Rhodos-Stadt im Jahr 408 v. Chr. ihre Blütezeit erlebte, ist auf Rhodos gut nachvollziehbar.

> *Wo jetzt nur, wie unsre Weisen sagen, seelenlos ein Feuerball sich dreht, lenkte damals seinen goldnen Wagen Helios in stiller Majestät.*
>
> *Friedrich Schiller*

Während aus der folgenden, byzantinischen Epoche vorwiegend Kirchen wie Ágios Nikólaos Fountouklí und Klöster, etwa Moní Thári, erhalten sind, stammen die meisten imposanten Bauwerke aus der gut 200-jährigen Epoche, als die Johanniterritter auf Rhodos herrschten. Die Kreuzritter sorgten nicht nur in Rhodos-Stadt für einmaliges mittelalterliches Flair, sondern befestigten die Insel auch mit mehreren Burgen hoch über dem Meer – wie in Líndos, Monólithos oder Kritinía.

Die Osmanen, die Rhodos im Jahr 1523 eroberten und die Kreuzritter von der Insel vertrieben, blieben doppelt so lang wie die Ritter und hinterließen in Rhodos-Stadt orientalisch anmutende Bauwerke: von Häusern mit Holzerkern über Brunnen bis hin zu Moscheen mit markanten Minaretten.

Von der Epoche der Johanniter zeugen zahlreiche Burgen, hier das Kastell in Kritinía

Von Italienern und Griechen

Letzte die Insel prägende Besatzer, bevor Rhodos im Zweiten Weltkrieg von der deutschen Wehrmacht besetzt wurde und nach kurzem Gastspiel der Briten erst 1947 wieder Teil Griechenlands wurde, waren die Italiener. Zwischen 1912 und 1943 nutzten sie Rhodos für ihre Kolonialarchitektur und sorgten für eine neue Infrastruktur. Bauwerke aus dieser Zeit sieht man am Mandráki-Hafen, im Bergdorf Eleoúsa sowie im Süden der Insel nahe Kattaviá.

Heute ist Rhodos wieder typisch griechisch und ein sicheres Reiseziel – trotz Finanz- und Flüchtlingskrise. Die Rhodier freuen sich über die jährlich rund zwei Millionen Touristen, die sich Rhodos als Urlaubsziel aussuchen und somit zumindest in den Sommermonaten für Arbeitsplätze sorgen.

Hauptstadt *Rhodos-Stadt*

Sprache *Griechisch*

Währung *Euro*

Staatsform *Parlamentarische Republik*

Fläche *1401 km², damit ist Rhodos die viertgrößte Insel Griechenlands.*

Küstenlänge *253 km*

Einwohner *115 500*

Bevölkerungsdichte *82,44 Einw. pro km², also ca. halb so viele wie etwa in Niedersachsen (167)*

Tourismus *Der Tourismus erwirtschaftet etwa 85 % des rhodischen Bruttosozialprodukts.*

Religion *Bis auf eine kleine Minderheit muslimischer Familien gehören fast alle Rhodier der griechisch-orthodoxen Kirche an.*

Berühmtester Rhodier *Der Koloss von Rhodos, eines der sieben Weltwunder der Antike, den es schon lange nicht mehr gibt.*

Bekanntes Sprichwort *»Ιδού η Ρόδος, ιδού και το πήδημα« (Idoú i Ródos, idoú ke to pídima), übersetzt: »Hier ist Rhodos, hier ist der Sprung!«, bedeutet, durch Taten zu beweisen, was man behauptet zu können.*

Maskottchen *Hirsch und Hirschkuh*

Das will ich erleben

Die größte Insel des Dodekanes verspricht auf recht überschaubarer Fläche einen spannenden oder auch entspannten Sommerurlaub ganz nach Gusto: für jedes Alter, alle Vorlieben und jeden Geldbeutel. Kultur, die von der Antike übers Mittelalter bis hin in die Neuzeit reicht, Strände für Aktive und Faulenzer und tolle Naturerlebnisse sind nur einige Möglichkeiten, um den Urlaub facettenreich zu gestalten. Hinzu kommen viele Aktivitäten, mediterrane Gaumenfreuden, Ausgehmöglichkeiten und manchmal zum Leid der Herren ... zahlreiche Shoppingmöglichkeiten.

Der Antike auf der Spur

Was wäre Hellas ohne die Antike? Was die Griechen schon vor rund 2500 Jahren gebaut haben und wie sie lebten, kann man auf Rhodos bis heute gut nachvollziehen, egal, ob im Museum in Rhodos-Stadt oder in den archäologischen Stätten im Freien.

Erklimmenswerte Ritterburgen

Imposante Ritterburgen auf Hügeln hoch über dem Meer schützten im Mittelalter die rhodischen Küstenabschnitte vor Angreifern. Heute sind ihre teils erhaltenen Mauern Touristenattraktion und bieten Besuchern meist atemberaubende Ausblicke.

Strände wie im Paradies

Sommerurlaub ohne Strandbesuch? Für viele Urlauber undenkbar! Rhodos birgt an 253 Kilometern Küste postkartenreife Strände für jeden Geschmack: sandig oder kieselig, trubelig oder einsam, sportlich oder entspannt.

Nicht nur für Naturliebhaber

Außergewöhnliche Naturerlebnisse gehören auf Rhodos einfach dazu. Die rhodische Flora ist nämlich nicht nur für Naturfreunde interessant. Selbst eingeschworene Stadtmenschen staunen über die Vielfalt im untypisch grünen und bewaldeten Inselinneren.

Genuss pur mit Meerblick

Gemütlich mit Blick auf das Meer typisch griechische Leckereien genießen gehört zum Rhodos-Urlaub einfach dazu. Schöne Fleckchen für Gaumenfreuden, die auch Einheimische zu schätzen wissen, findet man fast überall.

Lauschige Picknickspots

Auf Rhodos finden sich viele idyllische Plätze, die sich für ein Picknick eignen. Es gibt sie mitten in der Stadt, im Wald oder mit Blick auf das Meer.

Top-Spots der Ausgehszene

Rhodier, die etwas auf sich halten, gehen abends meist nur top-gestylt aus dem Haus. Die Bars und Clubs, die sie aufsuchen, sind meist ebenso durchgestylt und bieten so das passende Ambiente – und natürlich gute Drinks.

Handgemachte Souvenirs

Wer beim Souvenirkauf Wert auf Qualität legt und die einheimischen Kunsthandwerker unterstützen möchte, sollte in Geschäften stöbern, die handgemachte Mitbringsel und Souvenirs anbieten.

Gechilltes Strandleben – Beach-Bars

Wer sich am Strand lieber bedienen lässt, gerne auf gemütlichen Strandliegen relaxt und das süße Nichtstun genießt, mischt sich in den rhodischen Beach-Bars unter die Einheimischen. Lounge-Musik, hervorragende Cocktails und leckere Gerichte runden den Strandbesuch ab.

6

Sehenswerte private Museen

Außer dem bekannten Archäologischen Museum in Rhodos-Stadt locken in einigen kleinen Orten auch eher außergewöhnliche Museen zu einem Besuch. Ihre Besitzer haben ihre Sammlungen liebevoll zusammengestellt und geben gern ausführliche Erklärungen zu den Exponaten.

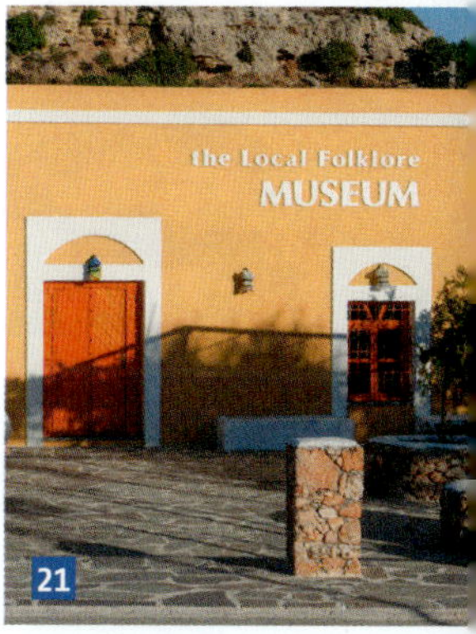

21

Aktivitäten für Groß und Klein

Zur Entspannung so richtig auspowern oder etwas Neues ausprobieren, anstatt den ganzen Tag faul am Strand zu liegen? Verschiedene Aktivitäten wie Surfen, Ausritte oder geführte Wander- und Fahrradtouren können auf der Sonneninsel das Freizeitprogramm für Aktive füllen.

22

Unterwegs

Die Akropolis von Líndos überragt das malerische Dorf, das sich zu Füßen der Burg an den Felsen schmiegt. Die Reste der Burganlage gehören zum »Pflichtprogramm« aller Rhodos-Urlauber.

Rhodos-Stadt und der Inselnorden

Ein bisschen was von allem bietet die Inselmetropole und ihre Umgebung: Sehenswertes, Ursprünglichkeit und Badefreuden

Moderne, mediterrane Atmosphäre und lange Strände, kombiniert mit einzigartigen historischen Zeugnissen, machen aus der Inselmetropole Rhodos-Stadt ein ganz besonderes Highlight. Ihre von mächtigen Mauern umschlossene Altstadt verlockt zur Entdeckung der über 2400 Jahre alten Geschichte. Spaziergänge führen die Besucher durch schmale, labyrinthartige Gassen, die von Resten antiker Tempel, byzantinischen Kirchen, unzähligen mittelalterlichen Bauwerken, osmanischen Moscheen und einer Synagoge gesäumt werden. Die Neustadt versprüht ein intensives südländisches Lebensgefühl.

Südöstlich schließen sich an Rhodos-Stadt die ineinander übergehenden, quirligen Ferienorte Ialyssós und Ixiá an. Dass Ialyssós schon in der Antike ein viel besuchter Ort war, bezeugt der Filérimos-Hügel mit antiken Resten. Wie das Leben der Einheimischen heute abläuft, sieht man in den recht ursprünglich gebliebenen Orten Kremastí im Westen und Koskinoú im Osten. Nahe Letzterem locken die historischen Kallithéa-Thermen zu einem herrlichen Badeerlebnis.

In diesem Kapitel:

ADAC Top Tipps:

1 Altstadt, Rhodos-Stadt
| Stadtbild |
Die Architektur der mittelalterlichen Altstadt ist im Mittelmeerraum einzigartig, UNESCO- Welterbe, aber auch quicklebendig. Auf faszinierenden Spaziergängen durch enge Gassen zieht die 2400-jährige Geschichte am Besucher vorüber. 22

2 Monte Smith, Rhodos-Stadt
| Archäologische Stätte |
Auf dem höchsten Hügel der Stadt staunt man über antike Ruinen, grandiose Aussichten und romantische Momente zum Nulltarif. 37

ADAC Empfehlungen:

1 Rhodos-Stadt

Geschichte in der Altstadt, modernes Leben in der Neustadt

Rhodos-Stadt: Das Herz der Altstadt schlägt an der Platía Ippokrátous

Information

- Altstadt: Städtische Touristeninformation, Platía Mousíou/Ippotón (Ritterstraße), 85100 Rhodos, Tel. 22 41 07 43 13, Mo–Fr 7–15 Uhr, www.rhodes.gr
- Neustadt: Städtische Touristeninformation, Avérof 3, 85100 Rhodos, Tel. 22 41 03 59 45, Mo–Fr 7–15 Uhr, www.rhodes.gr, Griechische Zentrale für Fremdenverkehr (EOT), Ethnárchou Makaríou/Papágou 3, 85100 Rhodos, Tel. 22 41 04 43 35, www.ando.gr/eot
- Parken siehe S. 31

Die Altstadt der Inselmetropole ist eine der attraktivsten Griechenlands, UNESCO-Weltkulturerbe und Rhodos' absolutes Must-See. Ganz nah am Meer umschließen imposante Stadtmauern ein einmaliges Gassenlabyrinth, das Bauwerke aus dem Mittelalter ebenso birgt wie byzantinische Kirchen und osmanische Moscheen. Überblickt wird alles, an höchster Stelle über dem Häusermeer, vom weithin sichtbaren Großmeisterpalast. Rhodos' Hauptstadt, die auf Griechisch wie die Insel schlicht Rhodos heißt und von Einheimischen oft einfach »póli«, also Stadt, genannt wird, verspricht jedoch nicht nur eine Zeitreise in vergangene Jahrhunderte. Die Neustadt berichtet rund um den quirligen Mandráki-Hafen

Plan S. 20/21

auch von der jüngeren Geschichte. Nordwestlich des Hafens taucht man ins moderne griechische Leben ein und genießt jeglichen touristischen Komfort – auch an den Stränden.

Das reiche kulturelle Erbe verdankt Rhodos-Stadt der wechselvollen Geschichte, die mit ihrer Gründung im Jahr 408 v. Chr. beginnt. Die antike Siedlung, die von den drei damaligen Stadtstaaten Ialyssós, Kámiros und Líndos gegründet wurde, erstreckte sich in etwa auf dem heutigen Stadtgebiet. Gut erkennen kann man ihr Ausmaß bis heute vom Monte Smith am südwestlichen Rand der Neustadt, auf dem in der Antike die Akropolis von Rhodos-Stadt thronte. Bis 323 v. Chr. war die Inselmetropole bedeutendes wirtschaftliches, politisches und kulturelles Zentrum. Die Stellung als Wirtschaftszentrum im östlichen Mittelmeer verlor die Insel im 2. Jh. v. Chr., als die Kykladen-Insel Délos zum Freihafen erklärt wurde. Bekannt blieb Rhodos jedoch dank der Bildhauertradition und der populären Rhetorikschulen. Dass heute nur noch wenige Reste aus der Antike erhalten sind, liegt an einem Erdbeben, das die Stadt 155 n. Chr. vernichtete.

Während Kirchen und spärliche Reste der Stadtmauer aus der nachfolgenden byzantinischen Epoche stammen, prägen die Bauwerke der Johanniterritter, die von 1309 bis 1522 auf Rhodos herrschten, das Bild der Stadt am nachhaltigsten. Die Ritter bauten Rhodos-Stadt zu einer Festung aus, deren Mauerring bis heute fast komplett intakt ist. Erhalten sind zudem viele Bauwerke aus osmanischer Zeit. Die

ADAC Mobil

Für Urlauber, die ohne Mietwagen unterwegs sind, ist Rhodos-Stadt ein guter Ausgangspunkt, um die Insel per **Bus** zu erkunden. Von den Bushaltestellen an der **Néa Agorá** starten die Fernbusse zu den wichtigsten Orten und Sehenswürdigkeiten der Insel, z. B. nach Líndos, zum antiken Kámiros oder auch zum Südzipfel Prasonísi. Vor der Néa Agorá (auf der Seite des Mandráki-Hafens) fahren die Stadtbusse z. B. zum Rodíni-Park.

Rhodos-Stadt
a
b
c
1
2
3
4
5
29
Aquarium (400 m)
28
Nestorídio Mélathron (New Art Gallery)
Platía Charítou
Kalimnou
Akti Miaouli
Mandilara
Str. Georgiou Griva
Dragoumi
Kathopouli
I. Kazo
Kritis
6
G. Leon
Ap. Rodiou
Mandilara
Politechniou
Orfanídou
Dilperaki
Kaliga
Dilperaki
Fanouraki
Iroon
28 Oktovriou
Str. G. Griva
28 Oktovriou
Olym
Alexandrou Diakou
Dragoumi
A. Zervou
Amochostou
Metaxa
Hospital
Erithrou Stavrou
Alexandrou Diakou
Apod. Amerikis
A. Valaoriti
Stadt-park
Akti Kanari
Arkadiou
Metaxa
Papalouka
Papalouka
El. Venizelou
Voriou Ipirou
Voriou Ipirou
Pavlou Mela
Riga Ferreou
Kennedy
Pindou
Pindou
President Kennedy
Them. Sofouli
Navarinou
Dimokratias
Dinameon
Monte Smith
Chimaras
Chimaras
Enoplon
Pavlou Mela
2
30
Souliou
President Kennedy
Agiou Ioannou
Diagoridon
Diagoridon
Theater
Antikes Stadion

Mittelmeer
Élli
Osmanischer Friedhof
Murad-Reis-Moschee
Regierungsgeb.
Bischofs-palast
Rathaus
Elafós
Elafína
Kastell Ágios Nikólaos
Evangelismós
Hauptpost
Mandráki-Hafen
Aktaíon
Akti Boumbouli
Chálki, Sými, Nísiros, Piräus, Marmaris
Touristen-polizei
RODA
Néa Agorá
KTEL
Pl. Rímini
Eleftherías-Tor
Pl. Símis
Großmeister-palast
Pinakothek
Platía Argyrokástrou
Aphrodite-Tempel
Herberge der Auvergne
Museum für dekorative Kunst
Festungs-mauern
Embórikos-Hafen
Panagía tou Kástrou
Platía Ippokrátous
Ágios Ioánnis Kollakíou
Archäologisches Museum
Agissandrou
Süleyman-Pascha-Moschee
St.-Katharinen-Hospiz
Sokrátous
Aristotelous
Platía Martýron Evréon
Panagía tou Bóurgou
Ibrahim-Pascha-Moschee
Platía Ariónos
Altstadt
Ág. Fanoúrios
Synagoge Kahal Shalom
Redjeb-Pascha-Moschee
Ág.-Athanásios-Tor
Ag. Kiriakí
Ág.-Ioánnis-Tor
Rodíni (1,8 km)
0 210 m

Osmanen, die Rhodos 1522 eroberten, bauten Kirchen zu Moscheen um und errichteten die auffälligen Häuser mit den Holzerkern. 1912 kamen schließlich die Italiener nach Rhodos. Sie bauten den zu dieser Zeit zerstörten Großmeisterpalast und einige antike Bauten auf dem Monte Smith wieder auf und hinterließen besonders rund um den Mandráki-Hafen viele Gebäude, die den faschistischen Stil der Zeit repräsentieren. Teil Griechenlands wurde Rhodos übrigens erst wieder 1948.

Altstadt

1 *Ritterflair mit einem Hauch Antike und Spuren der Osmanen*

Die Altstadt der Inselmetropole gleicht einem Freilichtmuseum, das im Sommer täglich von unzähligen Besuchern gestürmt wird – zu Recht! Die Gassen gewähren nicht nur Einblicke in die Ritterstraße, in das Ordenshospital und den Großmeisterpalast, sondern bergen auch antike Zeugnisse, Gotteshäuser der Byzantiner und Moscheen der Osmanen. Die Gassen laden zum Schlendern ein, quirlige Plätze zum Einkehren in Cafés und Restaurants, Museen und Architektur zum Staunen und die vielen Geschäfte – insbesondere in den Einkaufsstraßen Sokrátous und Aristotélous – zum Shoppen. Ausklingen lassen Einheimische und Touristen den Tag in den Bars und Clubs südwestlich des Hauptplatzes Ippokrátous und an der Platía Ariónos.

ADAC Wussten Sie schon?

Die **»chochlákia«** genannten, senkrecht gestellten Kieselsteine, mit denen die Altstadtgassen gepflastert sind, stammen aus dem Meer und sind charakteristisch für Rhodos und den Archipel. Mit »chochlákia« – dann meist in Schwarz und Weiß – sind auch Kirchen, ihre Höfe und alte Häuser geschmückt. In Letzteren werden sie oft zu floralen oder geometrischen Motiven zusammengelegt.

Sehenswert

1 Aphrodite-Tempel

| Ruine |

Gleich nach Betreten der Altstadt durch das Eleftherías-Tor, das erst in der ersten Hälfte des 20. Jh. in die Stadtmauer gebrochen wurde, sieht man im umzäunten Areal linker Hand wenige Ruinen aus der Antike. Die Grundmauern und Säulenreste stammen von einer Kultstätte aus dem 3. Jh. v. Chr.

■ Platía Símis

2 Pinakothek

| Museum |

Die Pinakothek ist einer von vier Ausstellungsbereichen des Museums für neugriechische Kunst, die in unterschiedlichen Gebäuden über die Stadt verteilt untergebracht sind. In der Pinakothek an der Platía Símis werden Druckgrafiken mit Landschaften, Malereien und historische Landkarten aus dem 19. und 20. Jh. ausgestellt.

■ Platía Símis 2, www.mgamuseum.gr, Mo–Fr 8–14 und 17–21 Uhr (Zeiten variieren, bei der Touristen-Info nach aktuellen Zeiten fragen), 6 €, erm 3 € (Ticket ist für alle 4 Museen gültig)

3 Platía Argyrokástrou

| Platz |

Der fotogene Platz mit dem alten Brunnen wird von Natursteinbauten der

Auf der Suche nach Souvenirs: in der Einkaufsstraße Sokrátous

Johanniter gesäumt. Markantestes Bauwerk ist das alte Ordenshospital aus dem 14. Jh. mit der üppigen Bougainvillea an der Südwestseite. Im Osten erhebt sich die schlichte Herberge der Auvergne, Quartier und Versammlungsort der Ritter aus Südfrankreich.

4 Museum für dekorative Kunst

| Museum |

Das in einer Halle des alten Hospitals untergebrachte kleine Museum zeugt mit Möbeln, Stickereien und Keramikkunst von der einst üblichen Einrichtungsart auf dem Dodekanes. Trachten aus Rhodos und von anderen Inseln des Archipels präsentieren den Kleidungsstil der Insulaner.

■ Platía Argyrokástrou, Tel. 22 41 36 52 56, Mi–Mo 8.30–15.40 Uhr, 2 €, erm. 1 € (Ticket beim Archäologischen Museum), Kombiticket siehe »ADAC Spartipp«, S. 27

5 Panagía tou Kástrou

| Museum |

In der Kirche »Maria von der Burg« vom 11. Jh., der ältesten Kirche der Altstadt, ist das Byzantinische Museum mit einer Sammlung weltlicher und sakraler byzantinischer Kunst untergebracht. Der als griechisch-orthodoxe Kirche erbaute Kreuzkuppelbau wurde von den Johannitern im 14. Jh. zur dreischiffigen Basilika im gotischen Stil umgebaut. Gezeigt werden Ikonen und Fresken vom 14.–18. Jh. Herausragend

ADAC Mobil

Wer mit dem **Bus** anreist, fährt bis zur Néa Agorá. Die **Altstadt** betritt man dann von der Meerseite aus z. B. durch das Eleftherías-Tor, kann aber auch am Wasser entlang zu weiteren Toren laufen.

Das Ordenshospital ist ein würdiger Rahmen für das Archäologische Museum

sind Fresken des 17. Jh. aus dem Kloster Thári (S. 80) und des 14. Jh. von einem Kloster auf der benachbarten Insel Chálki.

■ Platía Mousíou, Tel. 22 41 36 52 56, Mi–Mo 8.30–15.40 Uhr, 2 €, erm. 1 € (Ticket beim Archäologischen Museum), Kombiticket siehe »ADAC Spartipp«, S. 27

6 Archäologisches Museum

| Museum |

1 *Rhodos' Geschichte auf einen Blick im alten Ordenshospital*

Schon seit über 100 Jahren ist im größten erhaltenen Rittergebäude der Stadt das wichtigste Museum der Insel untergebracht. Der palastähnliche Bau wurde im 15. Jh. als Ordenshospital errichtet. Inzwischen staunen Besucher im riesigen Vierflügelbau mit dem zweistöckigen Arkadenhof über eine Fülle antiker Schätze aus Rhodos und von den benachbarten Inseln. Gleich hinter dem Torgang öffnet sich der einst von Lagerräumen und Ladenlokalen gesäumte Hof. Die Arkaden in der Südecke führen in den Garten, in dem mehrere antike Skulpturen und Bauteile ausgestellt werden. Die kostbarsten Museumsstücke stehen im Obergeschoss, wo auch der 50 m lange und 12 m breite frühere Krankensaal imponiert. Der sich über die gesamte Frontfassade erstreckende Raum, den sieben Pfeiler mit gotischen Spitzbögen unterteilen, zeigt Grabsteine und Wappen aus dem Mittelalter. In den kleineren Räumen sind ältere Funde untergebracht. Eindrucksvoll sind die kostbaren antiken Werke der rhodischen Bildhauer, darunter Reliefs aus hellenistischer und römischer Zeit sowie einzigartige Skulpturen aus verschiedenen Epochen.

Das wohl berühmteste Werk des Museums ist die Skulptur »Kauernde Aphrodite«, die um 100 v. Chr. gefertigt wurde. Die Göttin der Schönheit, die bis auf die kleinen Finger vollständig erhalten ist, hat gerade gebadet und ist nackt. Ihr Haar haltend wird sie von jemandem überrascht, dem sie sich zuwendet. Die sogenannte »Große Aphrodite«, ein weiteres Meisterwerk der antiken Kunst, stammt aus dem 2. Jh. v. Chr. Die lebensgroße Statue trägt nur ein ihr von der Schulter gleitendes Gewand. Aus dem gleichen Jahrhundert stammt auch die Büste des Sonnengottes Helios, dem mythologischen Hauptgott der Sonneninsel. Sein Gesicht erinnert an Darstellungen Alexanders des Großen. Die Löcher im Haar zeugen davon, dass die Plastik einst einen vergoldeten Kranz trug.

Im Blickpunkt

Das Erbe der Johanniter

Die Hinterlassenschaften der Johanniterritter, denen die Altstadt ihren heutigen Charme verdankt, sind nicht zu übersehen. Das Ordenshospital zeugt von den karitativen Aufgaben der Johanniter; die massive Befestigungsanlage der Stadt und die auf der Insel verstreut liegenden Burgruinen weisen hingegen auf die militärischen Aufgaben des Ordens hin. Ende des 11. Jh. in einem Pilgerhospital in Jerusalem ins Leben gerufen, erlangte der Orden dank der ausgesprochen guten Krankenpflege schnell einen exzellenten Ruf. Im Jahr 1113 erkannte der Papst die Bruderschaft als Ritterorden an. Schnell traten dem Orden viele Adlige aus ganz Europa bei und brachten ihm Wohlstand. Die Kreuzritter errichteten in wichtigen Häfen des Mittelmeeres neue Ordensniederlassungen und gründeten eine eigene Flotte. Die Schiffe benötigten sie für den intensiven Seehandel und natürlich im Kampf gegen die »Ungläubigen«.
Während sich die Laienbrüder und Priester weiter den karitativen Aufgaben des Ordens widmeten, waren adlige Ritter für politische, kriegerische und wirtschaftliche Angelegenheiten zuständig. Sie pflegten die Beziehungen zu europäischen Höfen, verwalteten die Ländereien und bekämpften die Osmanen. Auf Rhodos, das die Johanniter 1309 eroberten, führten sie, nachdem sie aus Palästina, Syrien und Zypern vertrieben worden waren, eines der modernsten Krankenhäuser dieser Zeit. Nach der Eroberung Rhodos' durch die Osmanen 1522 flohen sie nach Malta. Von dort 1798 durch Napoleon vertrieben, endete ihre Ära als Handels- und Kriegsmacht. Es gelang dem Orden nicht, eine neue Niederlassung im Mittelmeer zu gründen. Ab 1830 fand er Exil im Vatikan. 1852 ging aus dem Ritterorden schließlich die evangelische Unfallhilfe und 1879 der katholische Malteser Hilfsdienst hervor.

Ein Bummel durch die Ritterstraße entführt den Spaziergänger ins tiefste Mittelalter

Die bekannteste Grabstele des Museums stammt von 420–410 v. Chr. und zeigt die Frauen Krito und Timarista in einer anrührenden Szene, die nachvollziehbar den Schmerz und die Trauer des Abschiednehmens darstellt. Durch ihre Beinstellung zeigt die verstorbene Mutter Timarista, dass es Zeit ist zu gehen. Ihr Gesicht ist ihrer Tochter Krito zugewandt, die ihre Mutter mit der Hand an der Schulter berührt. Sie will sie nicht gehen lassen.

Weitere Räume auf der Galerie zeigen Keramik- und Kupferobjekte sowie Funde aus anderen Materialien, die in minoischer bis mykenischer Zeit entstanden sind. Viele Amphoren, Idole und Behälter, die ältesten aus der Zeit um 900 v. Chr., wurden in Nekropolen gefunden. Mehrere Kupfer- und Keramikarbeiten sind Fundstücke von der Akropolis von Ialyssós.

Im Erdgeschoss sind zwei Sonderausstellungen sowie riesige Aufbewahrungsbehälter, »píthoi«, zu sehen. Über 200 Exponate aus den Jahren um 70 v. Chr. bis zum 5. Jh. n. Chr. umfasst die Inschriftensammlung, bestehend aus Grabstelen, Marmorblöcken und anderen Bauelementen, die phönizische, lateinische und griechische Inschriften sowie Hieroglyphen aufweisen. Die prähistorische Sammlung beherbergt Funde aus rhodischen Nekropolen, ihre Datierung reicht von der neolithischen bis zur mykenischen Zeit. Zu sehen sind unter anderem Glas- und Goldschmuck, Werkzeug und ein nachgestelltes Familiengrab.

■ Platía Mousíou, Tel. 22 41 36 52 57, Mai–Okt. tgl. 8–20, Nov.–April Mi–Mo 8.30–15.30, Sonderausstellungen Mai–Okt. 9–17 Uhr, 8 €, erm. 4 €, Kombiticket siehe »ADAC Spartipp«, S. 27

7 Odós Ippotón (Ritterstraße)

| Architektur |

2 *Wie vor 500 Jahren: Rhodos' berühmteste Straße*

Die berühmteste Straße der Insel ist zugleich eine der bekanntesten des Archipels und die einzige erhaltene Wohnstraße vom Anfang des 16. Jh. im gesamten Land. Die gerade mal 250 m lange Hauptstraße des Ritterviertels zwischen Ordenshospital und Großmeisterpalast wird bis heute von den »Herbergen« der einzelnen »Zungen« (Gruppierung der Ritter nach Sprachen) gesäumt. Die palastähnlichen Häuser dienten der jeweiligen Landesgruppe für Speisegelage und andere wichtige Treffen und waren auch Verwaltung und Residenz der Würdenträger. Heute sind in den meisten Gebäuden Kulturinstitutionen untergebracht, sodass sie bis auf das Haus des Prinzen Cem (Mi–Mo 12.30-15 Uhr) nicht besichtigt werden können.

Herausragend ist die Herberge der Italiener, das dritte Haus auf der rechten Seite, mit der schlichten Fassade von 1519, an der das Wappen des Großmeisters Fabrizio del Carretto prangt. Imposanter ist jedoch der übernächste Palast, die Herberge der Franzosen aus dem Jahr 1492. Das Bauwerk mit den Zinnen und dem spitzbogigen Portal trägt die Wappen der Großmeister Emery d'Amboise und Pierre d'Aubusson sowie das des französischen Königs. Dahinter liegt das Haus des Prinzen Cem mit einem Renaissance-Portal. Der osmanische Prinz flüchtete nach der Niederlage im Kampf gegen seinen Bruder Sultan Beyazid um die Thronfolge nach Rhodos, wo er von den Rittern als Geisel genommen wurde und als Pfand gegen die osmanischen Expansionspläne diente.

Etwas kleiner als der Palast der Franzosen ist auf der anderen Straßenseite. das Haus des Diomede de Villaragut mit dem Portal im katalanischen Stil. Den Namen verdankt das Gebäude dem Bauherrn und Vorsitzenden der Zunge der Auvergne. Gegenüber dem folgenden spanischen Quartier wurde im 14. Jh. die kleine Kreuzkuppelkirche Agía Triáda erbaut. Der dahinter die Straße überspannende Bogen verbindet die Herberge der Provence mit dem Palast der Spanier.

8 Großmeisterpalast

| Museum |

Im 14. Jh. ließen die Johanniter am oberen Ende der Ritterstraße an höchster Stelle der Stadt ihr Machtzentrum erbauen. Anders als der Name des schlossähnlichen Baus jedoch annehmen lässt, stammt der Großmeisterpalast nicht aus der Ritterzeit. Das imposante Schloss wurde erst 1940 nach alten Plänen von den Italienern wieder aufgebaut. Denn der alte Großmeisterpalast, von dem heute nur die Fundamente der Außenmauer und die wuchtigen Rundtürme um das Hauptportal erhalten sind, wurde zweimal durch Erdbeben zerstört und wieder aufgebaut. Eine 1856 stattfindende Explosion im Pulvermagazin in der einst ge-

ADAC Spartipp

Sightseeing-Fans können mit dem **Kombiticket** (10 €, erm. 5 €) für das Archäologische Museum, den Großmeisterpalast, die Kirche Panagía tou Kástrou und das Museum für dekorative Kunst Geld sparen. Die Tickets, die drei Tage lang gültig sind, gibt es vor Ort.

genüberliegenden Kirche Ágios Ioánnis bedeutete das Ende des Prachtbaus – bis er als Residenz für Mussolini wieder aufgebaut wurde.
Hinter dem monumentalen Hauptportal öffnet sich der große, umbaute Innenhof. Die den Hof säumenden Räume, einst Verwaltungsbüros, beherbergen Ausstellungen zu Rhodos' Geschichte. Originalgetreu im faschistischen Stil zeigt sich die erste Etage. Die Treppenstufen führen an der Palastkapelle vorbei hinauf. In den Räumen des Obergeschosses imponieren besonders die Bodenmosaike mit mythologischen Wesen, Göttern, Tieren und Kampfszenen. Sie datieren überwiegend in hellenistische Zeit und stammen von der Insel Kos. Herausragend sind das späthellenistische Mosaik mit dem Kopf der Medusa und ein weiteres, das die neun Musen abbildet. Ausgestellt werden außerdem Kopien antiker Skulpturen, etwa die Gipskopie der sog. Laokoon-Gruppe. Das Original aus dem 1. Jh. v. Chr. befindet sich in den Vatikanischen Museen in Rom. Die Skulptur zeigt den trojanischen Priester Laokoon und seine Söhne im Kampf mit zwei Schlangen, von denen sie schließlich getötet werden.

■ Platía Kleovoúlou, Tel. 22 41 36 52 70, Mai–Okt. tgl. 8–20, Nov.–April Mi–Mo 8.30–15.30 Uhr, 6 €, erm. 3 €

9 Festungsmauern
| Architektur |

Die massive Befestigungsanlage, die bereits auf byzantinische Zeit zurückgeht, wurde von den Johannitern zu der bis heute erhaltenen mächtigen Anlage ausgebaut. Einen besonders guten Eindruck vom gigantischen Bollwerk, das von den Rittern über zwei Jahrhunderte ständig verstärkt wurde, erlangt man bei einem Spaziergang auf der 4 km langen und bis zu 14 m dicken Stadtmauer. Der begehbare Teil wurde Ende des letzten Jahrhunderts Stück für Stück restauriert, ist jedoch leider nur in der heißen Mittagszeit zugänglich. Aus 20 m Höhe erblickt man dabei

An der Südwestecke des alten Ritterviertels ragt der Uhrturm (Rolói) auf

die schöne Silhouette der Altstadt mit dem Großmeisterpalast, Kirchenkuppeln und Minaretten vor der Kulisse des Meers. Außerdem fasziniert der Blick in den bis zu 25 m breiten Wallgraben mit den mächtigen Bastionen. Auch diesen kann man vollständig begehen. Freien Zutritt in den Graben gewähren die Ein- bzw. Ausgänge am Tor d'Amboise, am Petrus-Turm, am Athanásios-Tor und am Akándia-Tor. Das parkähnlich gestaltete Areal mit Rasenflächen und Palmen ist auch zum Joggen oder für ein Picknick ideal.

■ Zugang vom Großmeisterpalast (Platía Kleovoúlou), Mai–Okt. Mo–Fr 12–15 Uhr, 2 €, Tickets beim Großmeisterpalast

10 Ágios Ioánnis Kollakíou

| Ruine |

Die dreischiffige Kirche, die durch einen unterirdischen Gang mit dem Großmeisterpalast verbunden war, wurde durch die Explosion eines türkischen Pulvermagazins im Jahr 1856 zerstört. Freigelegt wurden inzwischen Fundamentreste des Gotteshauses, außerdem Reste von Häusern sowie antike Säulenbasen.

■ Kleovoúlou/Ecke Panetíou

11 Rolói (Uhrturm)

| Aussichtspunkt |

Der Uhrturm, der 1851 einen Festungsturm der Johanniter ersetzte, ist der höchste Bau von Rhodos-Stadt und verspricht einen wunderbaren Rundumblick über das Häusermeer der mittelalterlichen Altstadt und den Hafen. Die Turmspitze erreicht man über eine schmale und steile Wendeltreppe. Bereits während des Aufstiegs kann man immer wieder durch die kleinen Fenster hinausblicken. Im Eintritt ist ein Freigetränk enthalten, das man nach dem steilen Auf- und Abstieg im Innenhofcafé unterhalb des Turms genießen kann.

■ Orféos 1, Tel. 22 41 07 53 56, Eintritt 5 €, Kinder frei

12 Süleyman-Pascha-Moschee

| Architektur |

Der rosafarben gestrichene, überkuppelte Bau aus dem 16. Jh. markiert den Beginn des osmanischen Viertels. Die Moschee des Rhodos-Eroberers ist nicht zur Straße, sondern exakt Richtung Mekka ausgerichtet. Für Besichtigungen ist das Gotteshaus jedoch nicht geöffnet. Weithin sichtbar ist das fast 35 m hohe Minarett.

■ Oberes Ende Sokrátous

13 Türkische Bibliothek

| Museum |

Die inzwischen restaurierte Bibliothek Hafiz Ahmed Agha wurde 1793 errichtet. Im Zweikuppelbau werden eine wertvolle Sammlung türkischer, persischer und arabischer Handschriften und Bücher sowie alte, handgeschriebene Koranausgaben verwahrt.

■ Oberes Ende Sokrátous, Mo–Sa 9.30–15 Uhr, Eintritt frei

14 Ibrahim-Pascha-Moschee

| Moschee |

Die älteste Moschee der Stadt, deren markantes Minarett sich über die Dächer der Stadt erhebt, wurde laut Marmor-Inschrift im Tambour im Jahr 1541 erbaut. Sie wird als einziges islamisches Gotteshaus der Stadt bis heute von der kleinen muslimischen Gemeinde genutzt, die hier zum Gebet zusammenkommt. Zur Moschee gehört auch der achteckige Brunnen im nördlichen Teil des Platzes.

■ Platía Plátonos

15 Platía Martýron Evréon

| Platz |

Der von mehreren Lokalen mit lästigen Restaurantschleppern gesäumte »Platz der jüdischen Märtyrer« ist nur wegen der Denkmale erwähnenswert. Ein Seepferdchen-Brunnen und ein Monument aus schwarzem Marmor erinnern daran, dass im Zweiten Weltkrieg fast alle deportierten Juden, die einst das Viertel bewohnt hatten, getötet wurden. An der Nordseite der Platía fällt zudem der Admiralitätspalast aus Natursteinen auf, der aus dem 15. Jh. stammt und im Mittelalter Sitz des orthodoxen Bischofs war.

16 Panagía tou Boúrgou

| Ruine |

Die Ruine des gotischen Gotteshauses aus dem 14. Jh. war einst die größte Kirche der Stadt und wurde bei der osmanischen Belagerung im Jahr 1522 zerstört. Eindrucksvoll trotzt bis heute der dreischiffige Chor der Zeit. Fragmente alter Säulen, Reste von Bündelpfeiler und Reliefbänder schaffen ein eindrucksvolles Bild.

■ Pindárou

17 Synagoge Kahal Shalom

| Synagoge |

Rhodos' einzige Synagoge ist eine der ältesten Griechenlands und ersetzt seit 1997 einen älteren Bau, der 1943 von den deutschen Truppen zerstört wurde. Geweiht wurde sie bereits 1577. Im angeschlossenen Museum erzählen zahlreiche Fotos, Dokumente, Kleidung und vieles mehr, wie das Leben der hiesigen jüdischen Gemeinde vor dem Zweiten Weltkrieg aussah.

■ Dossiádou/Simmíou, www.rhodesjewishmuseum.org, April–Okt. So–Fr 10–15 Uhr, im Winter nur nach Absprache

18 Redjeb-Pascha-Moschee

| Architektur |

Die im Jahr 1588 errichtete Moschee ist eines der bedeutendsten Bauwerke aus der osmanischen Zeit auf Rhodos, aufgrund des schlechten Erhaltungszustands für Besucher jedoch nicht zugänglich. Das Minarett des Bauwerks mit der eindrucksvollen Flachkuppel ist noch zur Hälfte erhalten. Zur Moschee gehört der Reinigungsbrunnen mit dem baldachinartigen Dach.

■ Platía Doriéos

19 Ágios Fanoúrios

| Kirche |

Der byzantinische Kreuzkuppelbau mit der roten Kuppel birgt sehenswerte, aber durch Kerzenruß geschwärzte Fresken aus der Zeit zwischen dem 13. und 15. Jh. Die geheimnisvoll anmutende kleine Kirche, die unterhalb des heutigen Straßenniveaus liegt, ist vermutlich die älteste der Stadt. Die Verehrung des hl. Fanoúrios, eines Märtyrers, der auch auf Kreta hochgeachtet ist, begann wohl in dieser Kirche, als man eine Ikone von ihm fand.

■ Agíou Fanouríou

ADAC Wussten Sie schon?

Der **hl. Fanoúrios,** der »Erscheinende«, ist der griechisch-orthodoxe Heilige, der für verlorene Dinge zuständig ist. Gläubige backen ihm zu Ehren deshalb jedes Jahr am Vorabend des 27. August die sogenannte »Fanourópita«, ein süßes Brot, das in der Nachbarschaft verteilt wird. Der Heilige soll dann dabei helfen, die Dinge oder eine Lösung für ein Problem ans Licht zu bringen.

Die Synagoge Kahal Shalom liegt im ehemaligen jüdischen Viertel Juderia

Verkehrsmittel

Busse und Taxis verkehren nur außerhalb der Altstadtmauern. Die Altstadt lässt sich jedoch gut zu Fuß erkunden.

Parken

Die Altstadt ist fast komplett autofrei. Das Auto parkt man in der Inselmetropole daher außerhalb der Stadtmauern, z. B. rund um den Mandráki-Hafen, an der Uferstraße nahe dem Fährhafen oder an der Platía Kountourióti. An Letzterer findet man fast immer einen Parkplatz, man darf den Parkschein jedoch nicht vergessen!

Restaurants

€ | To Maroúli Kleines Bistro-Restaurant mit feinem Angebot an vegetarischen und veganen Gerichten. ■ Plátonos 22, Tel. 22413043 94, Mo–Sa 8.30–22, So ab 12 Uhr, Plan S. 20/21 e4

€–€€ | Ta Kardásia Liebevoll gestaltetes »mezedopolío«, einfache Gerichte, schöner Innenhof und gutes Preis-Leistungs-Verhältnis. ■ Plátonos 4–8, Tel. 2241027074, www.takardasiarestaurant.com, tgl. ab 14 Uhr, Plan S. 20/21 e4

3 **€€ | Érgon** Traditionelle griechische Gerichte, modern interpretiert. Vor alten Mauern gibt es in der rhodischen Filiale der Restaurant- und Deli-Kette Köstliches aus Zutaten kleiner Produzenten. ■ Platía Sofokléous 35, Tel. 2241077787, www.ergonfoods.com, tgl. 17–1 Uhr, Plan S. 20/21 e5

€€ | Marco Polo Gehobene mediterrane Küche in idyllischem Dachgarten. ■ Agíou Fanouríou 40–42, Tel. 2241025562, www.marcopolomansion.gr, tgl. 19–23 Uhr, Plan S. 20/21 d5

Cafés

Auvergne Café im mittelalterlichen Hof, Snacks und Süßes wie Crepes und Waffeln. ■ Platía Megálou Alexándrou, Tel. 22 41 07 61 00, www.auvergnecafe.gr, tgl. ab 9 Uhr, Plan S. 20/21 e4

Raxati (Racháti) Café-Bar im Retro-Look. ■ Sofokléous 1–3, Tel. 22 41 03 63 65, tgl. ab 17 Uhr, Plan S. 20/21 e4/5

Eisdielen

DaVinci Hausgemachtes Eis in vielen originellen Geschmacksrichtungen, nur zum Mitnehmen. ■ Sokrátous 6, www.davincigelato.gr, Mo–Sa ab 9, So ab 10 Uhr, Plan S. 20/21 e4

Einkaufen

Atelier Sirímis Beim Ikonenmaler Vasílis Sirímis und seinem Sohn kann man die Ikone des Lieblingsheiligen bestellen. ■ Kisthiníou 42, Tel. 22 41 07 41 27, www.sirimis.gr, Plan S. 20/21 f5

Im Atelier von Vasílis Sirímis kann man eine Ikone des Lieblinsgheiligen erstehen

Clotho Außergewöhnliche Damenkleidung, Accessoires und Schuhe von Designern aus ganz Griechenland. ■ Polidórou 26, Tel. 22 41 07 42 30, Plan S. 20/21 e4

Geppetto's House Nicht nur ein Paradies für kleine Pinocchio-Fans: Handgefertigtes Holzspielzeug, Marionetten und Deko-Objekte. ■ Ippodámou 18, Tel. 22 41 30 39 46, www.geppettoshouserhodes.4ty.gr, Plan S. 20/21 d4

4 **When in Greece** Rhodos originell: modernes Kunsthandwerk. Kreative Souvenirs und Mitbringsel von Grafikdesignern, Kunsthandwerkern und kleinen Werkstätten. ■ Sokrátous 153, Tel. 22 41 03 03 74, www.whenin greece.gr, Plan S. 20/21 d4

Sifoniós Distillery Liköre, der rhodische Tresterschnaps »soúma« und der Anisschnaps Ouzo in verschiedenen Geschmacksrichtungen aus der hauseigenen Destille. ■ Pithagóra 42, Tel. 22 41 02 93 01, Plan S. 20/21 e5

Kinder

Nach einem ausgiebigen Sightseeing-Programm brauchen Kinder Platz zum Herumtollen. Diesen bietet der Wallgraben rund um die Bastionen. Man betritt ihn am Petrus-Turm, am Tor d'Amboise, am Athanásios-Tor und am Akándia-Tor.

Bühne

Melina Merkouri Theater Die Open-Air-Bühne im Wallgraben (S. 29) bietet im Juli und August Tanz- und Theateraufführungen sowie Konzerte griechischer und klassischer

Musik an. Über Termine informiert die Touristen-Info (S. 18). ■ Zugang über die Alchadéf, Plan S. 20/21 f5

Kneipen, Bars und Clubs

Alter Ego Summer Open-Air-Restaurant-Club mit griechischen und internationalen Beats zwischen Natursteinmauern, Palmen und Bougainvilleen; kreative mediterrane Küche und ein Hauch von Asien im Restaurantbereich. ■ Ippodámou 23–27, www.alteregobar.gr, Mitte Mai–Sept. tgl. ab 19 Uhr, Plan S. 20/21 d4

Macao Seit Jahren eine der Open-Air-Trend-Locations in der Altstadt. Die Rhodier kommen zum Sehen und Gesehenwerden und wegen der hervorragenden Drinks und Cocktails. ■ Archeláou 5, www.macaobar.gr, tgl. ab 19 Uhr, Plan S. 20/21 d4

Todo bien Zu Salsa und anderen Latin-Rhythmen wird hier nicht nur in der Bar, sondern auch auf der Straße davor getanzt. ■ Pythagóra 15–17, tgl. ab 17 Uhr, Plan S. 20/21 e4

Events

Sommer-Konzerte Von Juli bis September gibt es Events wie etwa Konzerte vor historischer Kulisse z. B. im Großmeisterpalast. Termine bei der Touristen-Info (S. 18).

Erlebnisse

Rhodes by Segway Auf zwei Touren kann man die Altstadt, die Neustadt oder beides einmal anders kennenlernen – auf Wunsch auch nachts unterm Sternenhimmel! ■ Miltiádou 8, Tel. 22 41 11 24 09, www.rhodessegwaytours.com, Plan S. 20/21 d4

Neustadt

Interessante Architektur und quirliges Treiben zwischen Einheimischen

Nirgends sonst kann man auf Rhodos besser beobachten, wie das moderne griechische Leben tickt, als in der Neustadt – besonders an der äußersten Nordspitze der Inselmetropole. Dreh- und Angelpunkt ist dort der fotogene Mandráki-Hafen gleich nördlich der Altstadt. Dahinter erstreckt sich die Uferstraße Platía Eleftherías (auch Platía Évdomis Martíou), die in diesem Abschnitt ihren Namen dem Platz vor dem Rathaus verdankt. Sie ist Flaniermeile und zeugt bei genauem Hinsehen von einem interessanten architektonischen Stil-Mix aus der italienischen Besatzungszeit. Auffällig sind nördlich der orientalisch anmutenden Néa Agorá der Bau des Café Aktaíon, das Gerichtsgebäude, das Rathaus, das Hafenamt und das Theater im nüchternen Stil der 1930er-Jahre. Die Bank of Greece und die Hauptpost sind hingegen in Gebäuden im Stil der Renaissan-

Im Blickpunkt

Der Koloss von Rhodos

Der Koloss von Rhodos ist zwar weltweit als eines der sieben Weltwunder der Antike bekannt, auf Rhodos jedoch nirgends zu finden. Die 30 m hohe Bronzestatue des Sonnengottes Helios aus dem 3. Jh. v. Chr. stand nur rund 60 Jahre im heutigen Mandráki-Hafen. Überreste der monumentalen Statue fand man übrigens nicht, sodass von ihrer Existenz nur antike Schriften berichten.

Hirsch und Hirschkuh begrüßen die einfahrenden Schiffe am Mandráki-Hafen

ce untergebracht. Sowohl an der Uferstraße als auch in den westlich abgehenden Straßen dahinter trifft sich in den Cafés und Bars, in Restaurants, Bekleidungs- und Schuhgeschäften die einheimische Szene. An der Spitze der Landzunge und im Westen erstrecken sich die von touristischen Einrichtungen gesäumten Stadtstrände. Das touristische Viertel mit Hotels, Tavernen, Cafés, Bars und Geschäften breitet sich im Südwesten der Nordspitze aus. In der Orfanídou, der hiesigen »Bar-Street«, machen junge Urlauber die Nacht zum Tag.

ADAC Mobil

Mal eben zu einem anderen Kontinent ins türkische Marmaris? Ein wenig Inselhopping? Einfach nur von einem Speedboat oder einem hübschen Segelboot aus die rhodische Küste entdecken? Oder vielleicht doch lieber durch den Boden des Glasbodenboots die Unterwasserwelt bestaunen? Wer nicht seekrank wird, hat die Qual der Wahl. Inspirieren lässt man sich am besten von den zahlreichen **Anbietern am Mandráki-Hafen.**

Sehenswert

20 Mandráki-Hafen

| Flaniermeile |

5 *Quirliges Treiben in Rhodos' fotogenstem Hafen*

Der lebhafte Mandráki-Hafen war in der Antike wichtigster und ist heute sicherlich der bekannteste Hafen der Stadt. Oberhalb der Hafeneinfahrt soll im 3. Jh. v. Chr. auch der Koloss von Rhodos (siehe »Im Blickpunkt«, S. 33), eines der sieben Weltwunder der Antike, gethront haben. An seiner Stelle begrüßen seit dem 20. Jh. die viel fotografierten, auf hohen Säulen stehenden Wappentiere von Rhodos, Hirsch und Hirschkuh, die einlaufenden Boote, egal, ob Segelboote, Motorjachten oder Ausflugsschiffe. An der Promenade, die die Einheimischen gern zum Flanieren, für einen Plausch oder zum Angeln nutzen, buhlen Bootsbesitzer um die Gunst der Passanten und werben für die täglich hier startenden Ausflüge, ein paar Street-Food-Verkäufer preisen ihre Waren an.

Gefällt Ihnen das?

Wer Hafenatmosphäre mag, es aber etwas beschaulicher als am Mandráki-Hafen bevorzugt, genießt den Blick auf bunte Boote auch am Hafen von **Faliráki** (S. 52), in **Plimmíri** (S. 86) und in **Kámiros Skála** (S. 100).

21 Ágios Nikólaos

| Festung |

Am östlichen Ende des Mandráki-Hafens führt die 400 m lange Mole, die eine Seite des Hafenbeckens begrenzt, an drei alten Windmühlen vorbei zur kleinen Festung aus dem 15. Jh., die eine kleinere Festung aus byzantinischer Zeit ersetzte. Das Bollwerk mit wuchtigem Rundturm und starken Mauern ist noch relativ gut erhalten. Der 25 m hohe Leuchtturm wurde erst 1863 erbaut.

22 Néa Agorá

| Architektur |

Die siebeneckige »Neue Markthalle« prägt mit ihrem überkuppelten Hauptportal und der orientalisch anmutenden Architektur landseitig das Bild des Mandráki-Hafens. Der zu Beginn des 20. Jh. von den Italienern errichtete Bau hat seine ursprüngliche Funktion, an die unter anderem der Pavillon der Fischverkäufer im Inneren erinnert, schon lange verloren. In den Ladenlokalen sind inzwischen einige einfache Geschäfte untergebracht. Urlauber sitzen besonders gern in den einfachen Tavernen und Cafés unter den Arkaden auf der Hafenseite, in denen auch Torten nach westeuropäischer Art angeboten werden.

■ Platía Eleftherías

23 Aktaíon

| Architektur |

Der zweistöckige Bau (gesprochen Aktéon) mit dem schönen Garten stammt aus dem Jahr 1925, war bis 1936 mit gotischen und orientalischen Stilelementen verziert und diente den italienischen Offizieren als Versammlungsort. Um dem faschistischen Architekturstil gerecht zu werden, wurden die dekorativen Elemente später entfernt. Heute beherbergt das historische Gebäude das bei Touristen und Einheimischen gleichermaßen beliebte städtische Café Aktaíon (S. 39).

■ Platía Eleftherías

24 Evangelismós

| Kirche |

Die große Kathedrale des Metropoliten von Rhodos ist die Kopie der zerstörten Kirche Ágios Ioánnis Kollakíou (S. 29) am Großmeisterpalast. Die Italiener erbauten ihre Hauptkirche nach alten Plänen im Jahr 1925. Gut dreißig Jahre später wurde das katholische Gotteshaus mit dem markanten Glockenturm und den gotischen Stilelementen in eine griechisch-orthodoxe Kirche umgewandelt und mit Fresken im byzantinischen Stil ausgemalt. Nördlich schließt sich der Bischofspalast an, der einst als Verwaltungssitz der Italiener im Stil eines gotischen Palasts errichtet wurde.

■ Platía Eleftherías

25 Nationaltheater

| Theater |

Das 1937 erbaute Theater erinnert an die zwischen 1912 und 1943 währende italienische Besatzungszeit und ist ein hervorragendes Beispiel für die faschistische italienische Architektur dieser Zeit. Nach dem Zweiten Weltkrieg diente das Theater eine Zeitlang als Kino. Gleich neben dem Geäude sind Reste der hellenistischen Hafenmauer zu sehen.

■ Georgíou Papanikoláou 30

26 Osmanischer Friedhof

| Friedhof |

Der winzige Friedhof im Neubaugebiet wurde von den Türken bereits kurz nach der Eroberung im Jahr 1522 geweiht. Unter Palmen und Eukalyptus fanden Großwesire und Paschas ihre letzte Ruhestätte. Die Grabstelen und -steine sind nach Mekka ausgerichtet. Für den Admiral Murat Reis, der bei der osmanischen Belagerung auf Rhodos fiel, wurde die kleine Moschee erbaut. Er wurde in der Türbe des Friedhofs begraben.

■ Georgíou Papanikoláou/Ecke Sávva Nikoláou

27 Casino Rhodos

| Architektur |

Das berühmteste Bauwerk der Neustadt wurde 1927 als Hotel Grande Albergo delle Rose eröffnet. Seit 1999 beherbergt der Prachtbau mit Palmengarten nicht nur das Hotel, sondern auch das Casino von Rhodos. Wer sich nicht in die stilechten Suiten, in denen schon viel Prominenz genächtigt hat, einmietet oder im in die Jahre gekommenen Casino an über 300 einarmigen Banditen, beim Roulette oder Black Jack sein Glück versucht, kann im Café

Auf dem Monte Smith sind die Reste der Akropolis von Rhodos-Stadt zu entdecken

einkehren. Der Zutritt ins Casino ist erst ab 21 Jahren möglich.

■ Georgíou Papanikolíou 4, www.gadr.gr, www.casinorodos.gr, Slotmaschinen tgl. 24 Std., Livespiel Mo–Do 17–3, Fr 17–5, Sa 12–5, So 12–3 Uhr, 6 € (für 24 Std.)

28 Nestorídio Mélathron (New Art Gallery)

| Museum |

Der klassizistische Bau mit den dorischen Säulen beherbergt einen Teil des Museums für moderne griechische Kunst. Gezeigt werden rund 150 Gemälde, Skulpturen und Plastiken aus dem 19. und 20. Jh. Im benachbarten »Neuen Flügel des Nestorídio Mélathron« finden wechselnde Ausstellungen statt.

■ Platía Charítou, www.mgamuseum.gr, Di–Sa 8–14.30 Uhr, 2 €, erm. 1 €

29 Aquarium

| Aquarium |

Das im Jahr 1937 errichtete Bauwerk im Art-déco-Stil gehört seit Anfang des 21. Jh. zum Griechischen Institut für Meeresforschung. In den dunklen Gängen des angeschlossenen Aquariums sieht man Fische und anderes Meeresgetier aus der Ägäis und dem übrigen Mittelmeer, darunter Rochen, Langusten, Oktopusse, Aale, Krebse, Seesterne, Drachenköpfe.

■ Ko, http://rhodes-aquarium.hcmr.gr, April–Okt. 9–20.30, Nov.–März 9-16.30 Uhr, 5,50 €, Kinder 3,50 €

30 Monte Smith

| Archäologische Stätte |

2 *Mit herrlichen Aussichten in die Antike eintauchen*

Der 110 m hohe Monte Smith südwestlich der Neustadt ist nicht nur für Archäologie-Fans ein herrliches Ausflugsziel. Der Ausblick vom Hügel mit den Resten der antiken Akropolis ist grandios und während des Sonnenuntergangs besonders romantisch. Rhodos-Stadt, die sich in der Antike von hier bis in die heutige Altstadt erstreckte, wurde im 3./2. Jh. v. Chr. von etwa 60 000 Menschen bewohnt. Auf dem

Eine grüne Oase nicht weit vom Zentrum der Stadt: der Rodíni-Park

ADAC Wussten Sie schon?

Der **Monte Smith** hieß einst Ágios Stéfanos und bekam seinen nicht-griechischen Namen erst im 19. Jh. Der Hügel verdankt ihn einem englischen Marineadmiral, der im Jahr 1802 für den Schutz des östlichen Mittelmeers zuständig war. Auf dem Hügel hatte Sidney Smith einen Beobachtungsposten aufgestellt.

Perfekt für eine Stärkung nach dem Sightseeing-Programm: Taverne Koúkos

frei zugänglichen Monte Smith kann man sich ein gutes Bild von der Akropolis der Stadt machen. Die Italiener haben dort in der ersten Hälfte des 20. Jh. u.a. dreieinhalb Marmorsäulen eines Apollotempels wieder aufgerichtet. Gleich darunter erstreckt sich das nachgebaute rechtwinklige Theater mit Platz für 800 Personen. Vom Originalbau sind noch drei Sitze in der untersten Reihe erhalten. Einen guten Eindruck von einer antiken Sportstätte bietet das teils rekonstruierte, 190 m lange und 35 m breite Stadion mit einigen erhaltenen Sitzreihen.

■ Diagorídon

ADAC Mobil

Der **Stadtbus** (Linie 3) verbindet etwa halbstündlich den Mandráki-Hafen mit dem Rodíni-Park. In die Nähe des Monte Smith fahren vom Mandráki-Hafen die Linien 2 und 6. Von der Bushaltestelle Arapáki läuft man noch etwa 10 Minuten zum Monte Smith.

31 Rodíni

| Park |

Der Rodíni-Park im Süden der Stadt ist eine grüne Oase inmitten eines Wohngebiets, in dem es auch im Hochsommer verhältnismäßig kühl ist und den die Einheimischen gerne aufsuchen, um ihn als Picknickplatz zu nutzen. Der Park mit Bach, Spazierwegen und kleinen Brücken besteht aus uraltem Baumbestand. Oberhalb des Tals wurden in Felsengräbern des 4. Jh. v. Chr. Tote bestattet. Archäologisch besonders interessant ist das aus einem Felsen geschlagene Ptolemäer-Grab mit der teils erhaltenen tempelähnlichen Fassade.

■ Zugang über Líndou, frei zugänglich

Restaurants

€ | Locanda – Demenágas Authentische griechische Küche in einer ganz einfachen Taverne mit offener Küche und Blick aufs Meer gleich vor den Altstadtmauern und doch abseits des Trubels. ■ Afstralías 16, Tel. 22 41 03 00 60, www.locandarodos.gr, tgl. ab 12 Uhr, Plan S. 20/21 östlich f5

6 **€–€€ | Koúkos** Exzellente griechische Küche und einzigartiges Flair. Modern präsentierte griechische Klassiker, eine hauseigene Backstube, traditionell zubereiteter griechischer Mokka und mehr machen die Gaststube im Touristenviertel auch bei Rhodiern sehr beliebt. Reservierung empfehlenswert. ■ Mandilará 20–26, Tel. 22 41 07 30 22, www.koukosrodos.com, tgl. geöffnet, Plan S. 20/21 c2

€–€€ | Kérasma Einfach stimmig: tolles Ambiente, traditionelle, fantasievolle griechische Küche und professioneller sowie herzlicher Service. ■ Georgíou Léontos 4–6, Tel. 22 41 30 24 10, www.kerasmarestaurant.com, Mo–Sa 12–23.30, So 18–23.30 Uhr, Plan S. 20/21 b2

€€ | Ronda Hipster-Treff, gute mediterrane Küche, Sushi und leckere Cocktails. Serviert wird am Strand, im Lounge-Bereich und im denkmalgeschützten Innenbereich. ■ Platía Koundourióti 6, Tel. 69 37 40 44 46, www.ronda.gr, tgl. ab 8 Uhr, Plan S. 20/21 d1

Cafés

Aktaíon Auch bei Einheimischen beliebtes Café mit Spielplatz und angeschlossener Bäckerei, aus der es Backwaren zum Frühstück und leckeren Kuchen gibt. ■ Platía Eleftherías, Tel. 22 41 02 92 82, www.aktaion-rodos.gr, tgl. 9–23 Uhr, Plan S. 20/21 d3

Im Blickpunkt

Kleine Kaffeekunde

Ganz gleich, ob im traditionellen Kaffeehaus (»kafenío«) oder in modernen Straßen- und Strandcafés, die Griechen verbringen ihre Zeit gern beim Kaffeetrinken. Wer es den Einheimischen gleichtun möchte, bestellt die eisgekühlten Spezialitäten Freddo Cappuccino, Freddo Espresso oder den löslichen Kaffee Frappé. Bei der Bestellung wird gefragt, wie man den Kaffee gerne hätte: »glikó« (süß mit viel Zucker), »métrio« (mit etwas Zucker) oder »skéto« (ohne alles). Beim Frappé gibt es noch die Option mit oder ohne Milch, also »me« bzw. »chorís gála«. Wer es lieber traditionell mag, kann auch überall griechischen Mokka (»ellinikós kafés«) bestellen.

Santa Marina Rhodes Außerhalb der Stadt Richtung Kallithéa gelegene, stylishe Beach-Bar. ■ Rhodos-Kallithéa Km 2 (Leofóros Kallithéas), Tel. 69 32 91 74 27, www.santamarinarhodes.gr, tgl. ab 8 Uhr, Plan S. 20/21 südlich f5

Einkaufen

BSB Griechisches Modelabel mit junger Damenkleidung und passenden Accessoires für jeden Anlass. ■ Amerikís 81–85, Tel. 22 41 03 54 05, www.bsbfashion.com, Plan S. 20/21 d2

Migato Griechisches Label, Schuhwerk für Damen, Herren und Kinder – inspiriert von aktuellen Trends. ■ Ethnárchou Makaríou 31, Tel. 22 41 07 44 41, www.migato.com, Plan S. 20/21 d3

ADAC Mittendrin

Authentisches Markttreiben erlebt man auf den **Wochenmärkten** in Rhodos-Stadt. Neben frischen regionalen Leckereien wie Obst, Gemüse und Fisch für Selbstverpfleger bieten die Händler auch Haushaltswaren, Schuhe, Kleidung und viel Ramsch an: Mi, Sa in der Klavdíou Péper und Do in der Víronos. Zeiten: ca. 7.30–13.30 Uhr.

The Art House Gallery Handgemachte Sandalen und handbemalte Gummistiefel, Taschen, Shirts sowie Deko – auch nach Wunsch ■ Amarántou 23b, Tel. 69 39 86 81 00, Plan S. 20/21 c2

Kneipen, Bars und Clubs

Colorado Bekannteste Diskothek der Stadt auf drei Etagen mit unterschiedlichen Musikrichtungen von Rock bis House. ■ Orfanídou 57, Tel. 22 41 07 51 20, tgl. ab 22.30 Uhr, Plan S. 20/21 b2

Melete Craft Beer Bar Ein Paradies für Bierliebhaber mit Gerstensaft aus ganz Griechenland und dem Ausland – aus der Flasche, vom Fass und sogar als Cocktail. ■ Sof. Venizélou 7, Tel. 69 47 84 30 52, tgl. ab 18 Uhr, Plan S. 20/21 c3

The Union Ein Hauch von Industrial-Style und Studentenflair im Innenhof eines Häuserblocks, leckere Cocktails und eine Auswahl an Rum und Gin. ■ Sof. Venizélou 13, Tel. 22 41 07 39 29, tgl. ab 20 Uhr, Plan S. 20/21 c3

Kinos

9-D-Kino Throne of Helios Mit tollen Animationen und Effekten taucht man bei den 3-D-Filmen »Throne of Helios« und »Das Rhodos-Rennen« in die Geschichte der Insel ein. ■ 25is Martíou 2, Tel. 22 41 07 68 50, www.throneofhelios.com, 10 €, erm. 6 €, beide Filme 13 €, erm. 9 €, April–Okt. tgl. alle 30 Min. von 10–22, Nov.–März Fr–So 17.30–22 Uhr, So auch 11.30–13.30 Uhr, Plan S. 20/21 d2

Kinder

Aquarium Neben Einblicken in die Unterwasserwelt können sich Kids auf Fühlbecken mit Seesternen und anderem Getier freuen (S. 37).

Erlebnisse

Anesis Massage Nicht nur interessant für Regentage: Über 40 Massage-Be-

handlungen sorgen für Entspannung pur. ■ Aléxandrou Diákou 65–67, Tel. 2241020302, Mo–Sa 10–21 Uhr

Rhodes City Tour by Train Mit dem roten Minizug auf Gummirädern kann man tgl. zu einer etwa 50-minütigen Tour durch die Neustadt fahren – auch zum Monte Smith. ■ Abfahrt vor dem Café Aktaíon, Platía 7is Martíou, stdl. 8–19 Uhr, 7 €, Plan S. 20/21 d3

2 Ialyssós

Stadtnaher Ferienort, einheimisches Leben und Klassizismus-Villen

Ialyssós, auch Triánda genannt, wurde bereits Anfang des 2. Jt. v. Chr. bewohnt. Damals war der Küstenort neben Líndos und Kámiros einer der drei Stadtstaaten der Insel. Heute ist Ialyssós mit dem benachbarten Ixiá zu einer großen Feriensiedlung zusammengewachsen. Dank der Nähe zu Rhodos-Stadt können Urlauber an diesem Küstenabschnitt zwischen Ialyssós und Ixiá hervorragend Strand- und Stadturlaub miteinander kombinieren. Ixiá ist zudem ein beliebter Surfspot. Urlauber finden hier eine gut ausgebaute touristische Infrastruktur vor. Nah am Strand liegen zahlreiche Hotels, Geschäfte, Tavernen, Restaurants und Cafés. Die Sand- und Kiesstrände sind touristisch erschlossen, und ein großes Angebot an Wassersport sorgt für Freizeitspaß. Landseitig der Inselrundstraße ist Ialyssós den Einheimischen vorbehalten.

Der lange Kiesstrand von Ixiá zieht im Sommer zahlreiche Sonnenanbeter an

Am Surfspot Ialyssós können auch Anfänger ihr Glück auf dem Brett versuchen

Zwischen den Hotels sind hingegen klassizistische Villen aus dem 19. Jh. eingestreut. Ihnen verdankt Ialyssós wohl den Namen »Triánda«, also dreißig. Die noblen Wohnhäuser mit den hübschen Gärten, die einst als Wochenenddomizile der Städter dienten, sollen einst dreißig an der Zahl gewesen sein. Einige von ihnen wurden restauriert und zeugen davon, dass Ialyssós einst ein exklusiver Wohnort war.

Sehenswert

Ágios Nikólaos
| Kirche |
Die Einraumkapelle aus dem 16. Jh. war einst vollständig mit Fresken ausgemalt. Unter dem Tonnengewölbe sind bis heute einige schöne Wandmalereien erhalten. Ungewöhnlich für die strenge byzantinische Malerei sind die vielen Details und die perspektivisch erscheinenden Bildräume.
■ Dimokratías/Ecke Agías Ekaterínis

Restaurants

€–€€ | Áspri Avlí Gern auch von Einheimischen besuchte, hübsche Gartentaverne mit gutem Preis-Leistungs-Verhältnis und vielen Leckereien aus dem Meer. ■ Ferenníkis, Tel. 22 41 07 14 00

€€ | Cavo Italiáno und **Cavo Tango** Restaurant und Bar mit italienischer Küche und leckeren Cocktails, ideal für alle, die auf der Suche nach etwas Abwechslung sind. ■ Ferenníkis 3, Tel. 22 41 09 12 51, www.cavoitalianorhodes.com

Sport

Windsurfers' World Seit vielen Jahren familiär geführter Windsurfspot mit Kursen (Anfänger u. Fortgeschrittene) und Equipment-Verleih. ■ Uferstraße (gegenüber Hotel Olympic Palace), Tel. 22 41 02 49 95, www.windsurfersworld.gr

3 Filérimos

7 *Zeugen vieler Epochen und lauschige Rast mit Aussicht*

Kurvige Serpentinen führen von der Küstenebene auf den 267 m hohen Filérimos, der den Namen »Freund der Einsamkeit« einem in byzantinischer Zeit dort lebenden Eremiten verdankt. Die Hänge des Filérimos waren bereits um 1150 v. Chr. beliebtes Siedlungsgebiet. Ialyssós, wie die Region damals schon hieß, war neben Kámiros und Líndos einer der drei rhodischen Stadtstaaten. Im 9. Jh. v. Chr. wurde der ers-

te Tempel auf der Akropolis gebaut. Heute sieht man auf dem Gipfelplateau Spuren aus der Antike, aus dem Mittelalter und aus neuerer Zeit.
Gleich am Parkplatz sind noch die Grundmauern einer byzantinischen Kirche aus dem 10. Jh. zu sehen. Von dort sind es nur wenige Schritte, am Kiosk mit den Tischen unter einem großen Baum vorbei, zum Kassenhäuschen der archäologischen Stätte auf der linken Seite. Gleich dahinter führt eine von Zypressen gesäumte Treppengasse hinauf zu den Resten eines antiken Zeus- und Athene-Tempels aus dem 3./2. Jh. v. Chr. Freigelegt wurden Quader seiner Grundmauern und Säulentrommeln. Andere Bauelemente des antiken Tempels wurden im 5. und 6. Jh. für eine frühchristliche Basilika genutzt. Von diesem dreischiffigen Gotteshaus sind Teile der Grundmauern und ein kreuzförmiges, in den Boden eingelassenes Taufbecken erhalten. Die Stufen, die ins Becken hinabführen, zeugen davon, dass hier Ganzkörpertaufen stattfanden. An der Stelle der frühchristlichen Basilika thront heute die Klosterkirche der Ritter. Die ursprünglich aus dem späten 15. Jh. stammende Kirche mit Spitzbögen, Kreuzrippengewölben, der gotischen Fassade und dem wuchtigen überkuppelten Turm verfiel während der osmanischen Epoche und wurde im 20. Jh. von den italienischen Besatzern nach alten Plänen rekonstruiert. Die Klosteranlage mit ihren Arkaden zeigt sich romantisch, ist mit Bougainvilleen und Zypressen bewachsen und wurde ebenfalls von den Italienern wieder aufgebaut. Die Kreuzgänge sind mit Mosaiken geschmückt, die verschiedene Heilige abbilden. Hinter dem Kloster geht es durch eine Kiefernallee, durch Pinien und Olivenbäume zur ehemaligen byzantinischen Festung an der Ostecke des Hügels.

Auf dem Gipfel des Filérimos gibt es antike Reste und ein Kloster zu entdecken

Der Filérimos ist ein beliebtes Wanderziel, das die Mühen mit tollen Blicken belohnt

Auch in diesem Bauwerk sind antike Bauteile im Mauerwerk zu erkennen. Die Festung wurde nach den Byzantinern von den Genuesen, Johannitern und Osmanen genutzt, die sie jeweils umbauten. Der grandiose Ausblick, der sich über den Nordosten von Rhodos und das Meer bis hin zur türkischen Küste eröffnet, zeigt, warum alle Eroberer die Lage der Burg so sehr zu schätzen wussten. Von dort oben konnte man etwaige Angreifer sofort ausmachen.

Zurück zum Kassenhäuschen geht es entlang des Nordhangs zur winzigen, über 500 Jahre alten Höhlenkapelle Ágios Geórgios Chostós. Die halb unter der Erde befindliche, einschiffige Kapelle aus dem 15. Jh. birgt im Inneren verwitterte Fresken, die noch aus der Erbauungszeit stammen. Abgebildet werden außer biblischen Szenen auch Ritter mit Schild und Wappen.

Verlässt man das Gelände, kann man gleich gegenüber dem von den Italienern angelegten römisch-katholischen Kreuzweg folgen. Die schöne Zypressenallee führt zu einem weithin sichtbaren Betonkreuz. Von der Aussichtsplattform, auf der das 18 m hohe Kreuz in den Himmel ragt, eröffnet sich eine grandiose Aussicht. Eine enge Wendeltreppe führt alle, die nicht unter Platzangst leiden, in den Kreuzstamm des in den 1990er-Jahren errichteten Baus.

■ Ausgrabungsgelände Mai–Okt. tgl. 8–19.40, Nov.–April Mi–Mo 8.30–15.30 Uhr, Tel. 22 41 09 22 02, 6 €, erm. 3 €

Verkehrsmittel

Vom Mandráki-Hafen in Rhodos-Stadt fährt in der Sommerzeit ein Bus nach Filérimos, Abfahrt Mo–Sa 9.45, zurück ab Filérimos tgl. 11.45 Uhr (Ticket einfache Fahrt 2,30 €).

Wandern

Wanderfreunde können die 4 km lange, zwischen Pinien, Zypressen und Kiefern verlaufende Strecke von Ialyssós hinauf auf den Filérimos auch zu Fuß bewältigen. Auf dem Weg genießt man meist eine frische Brise und besonders die Ausblicke über die Küstenebene und das Meer bis nach Rhodos-Stadt. Das Gipfelplateau lädt zur Rast im schattigen Wald zwischen den herumstolzierenden Pfauen.

4 Kremastí

Ursprüngliches, großes Dorf mit familiärem Flair

Trotz der Küstenlage zwischen dem trubeligen Ferienort Ialyssós und dem Flughafen ist in dem lang gestreckten Dorf Kremastí authentisch griechische Atmosphäre noch spürbar. Ein paar Tavernen und die Cafés rund um die zentrale Platía werden vorwiegend von Einheimischen besucht. Die Durchfahrtsstraße ist von kleinen Geschäften gesäumt, die auf den Bedarf der Einheimischen ausgerichtet sind. Zwischen den Wohnhäusern sind ein paar kleinere Hotels und Pensionen eingestreut, und der grobe Sandstrand ist nur an wenigen Stellen touristisch erschlossen. Einen Blick lohnt die große Dorfkirche Panagía Kremastí. Der Kirchenraum ist vollständig mit Fresken im byzantinischen Stil ausgemalt. Die Marienikone gilt als wundertätig. Sie soll bei Zeugungsunfähigkeit und Eheproblemen helfen.

Events

Folklorefest und Handwerkermarkt
Mitte August findet rund um die Platía von Kremastí ein zehntägiges Fest statt, das Kunsthandwerk, Kulinaria aus dem ganzen Land und abends natürlich Musik und Tanz bietet.

Die große Dorfkirche in Kremastí ist der Muttergottes geweiht

5 Koskinoú

Urige Dorfatmosphäre und traditionelle Architektur nahe der Inselhauptstadt

Auf den ersten Blick erscheint Koskinoú mit seinen rund 2000 Einwohnern lediglich wie ein hübsches Wohngebiet vor den Toren der Inselmetropole Rhodos-Stadt. Der Meeresnähe verdankt das Dörfchen den Zuwachs. Städter sowie Mittel- und Nordeuropäer haben rund um den alten Ortskern moderne Häuser gebaut. Ein Bummel in Koskinoú führt vom großen Dorfplatz zu Fuß südwestlich in den historischen, unter Denkmalschutz stehenden Ortskern mit den autofreien Gassen. Die vielen farbenfrohen klassizistischen Portale, von Halbsäulen und ionischen Kapitellen geschmückt, zieren die Häuserzeilen aus dem frühen 19. Jh. Zwischendurch kann man einen Blick in die blumengeschmückten und kieselsteingepflasterten schattigen Innenhöfe werfen. Leuchtend gelb, blau und rot gestrichene Türen aus Holz oder Eisen sind mit Reliefs oder Schnitzereien geschmückt.

Einblicke in frühere Wohnkultur bietet das »Traditionelle Haus von Koskinoú«

Sehenswert

Paradosiakó Spíti Koskinoú
| Museum |
Das »Traditionelle Haus von Koskinoú« zeigt, wie die Rhodier einst in nur zwei Räumen lebten: das Schlafzimmer und ein Wohn-, Ess- und Arbeitsraum. In Letzterem fällt der alte Küchenbereich auf der hölzernen Empore auf. Die Wände sind mit handgefertigter Keramik und Webarbeiten geschmückt.
■ Vas. Georgíou, Tel. 22 41 06 22 05, Mai–Okt. Mo–Fr 10–13 und 17–20 Uhr

Restaurants

€ | Tásos Einfache, authentische Taverne mit Wohlfühlambiente und Tischen in der kleinen Gasse, auch bei den Einheimischen für ein Abendessen, Getränke und Kaffee sehr beliebt.
■ 28is Oktovríou (Ortskern), Tel. 22 41 00 46 04, Mo–Sa ab 18.30 Uhr

6 Kallithéa-Thermen

8 *Badefreuden vor der Kulisse eines Thermalbads der 1920er-Jahre*

Die wunderschöne Lage und der nostalgische Charme entzücken die Besucher der Kallithéa-Thermen heute wie schon in den letzten Jahrhunderten. Das einst aus den Quellen sprudelnde, schwefelhaltige Wasser wussten die Hellenen dank seiner heilenden Wirkung schon

Einer der schönsten Badeplätze der Insel: die Kallithéa-Thermen

in der Antike zu schätzen. Auch der römische Kaiser Augustus soll sie besucht haben. Im Jahr 1928 erbaute der Italiener Pietro Lombardi an dieser Stelle eine Kuranlage im romantischen Orientstil. Die Thermenanlage mit der großen, überkuppelten Rotunde mit Badehallen und Cafeteria wurde durch die Bombenangriffe im Zweiten Weltkrieg zum Teil zerstört. Danach wurde sie als Kulisse für einige Filmproduktionen genutzt. Als Strandbad eröffneten die Kallithéa-Thermen nach aufwendiger Restaurierung erst wieder 2007. Inzwischen erstrahlen die historischen Gebäude mit der lichten und eleganten Architektur in neuem Glanz. Die große Rotunde mit der verzierten Kuppel, dem hübschen Bodenmosaik und dem Springbrunnen wird gern für Ausstellungen, Hochzeiten und andere Events genutzt. Am winzigen, von Felsen umrahmten Sandstrand bilden eine kleinere Quellrotunde, Palmen, begrünte Flächen und das Café einen der schönsten Badeplätze der Insel. Gäste entspannen auf Sonnenliegen und Sonnenbetten oberhalb der Felslandschaft auf der linken Seite, die auch zum Schnorcheln ideal ist.

■ Leofóros Kallithéas, www.kallitheasprings.gr, tgl. 8–20 Uhr, Café auch abends, 3 €, ab 20 Uhr Eintritt frei

Restaurants

€–€€ | Pane di Capo Frühstück, Mittag- und auch Abendessen mit einem Hauch Italien und Lounge-Musik in herrlicher Thermenkulisse. Auch am Abend geöffnet. ■ Kallithéa-Thermen, Tel. 22 41 06 56 91, www.panedicapo.gr

Übernachten

Rhodos' Nordspitze lässt in Sachen Unterkunft kaum Wünsche offen: Urlauber wohnen in schicken und charmanten Boutique-Hotels in der Altstadt und in mittleren bis großen Strandhotels in der Neustadt, teilweise auch direkt am Strand. Zahlreiche luxuriöse Großhotels gibt es in Ixiá. Ein breites Spektrum unterschiedlicher Quartiere versprechen außerdem Ialyssós und Kallithéa. Kremastí ist hingegen nicht nur vom Flair her, sondern auch von den Unterkünften einfacher und familiärer. Dort gibt es mehrere kleine Hotels und Pensionen.

Rhodos-Stadt (Altstadt) 22

€–€€ | Hotel Attiki Kleines, gepflegtes Hotel mit altertümlichem Charme in zentraler Lage, liebevoll betrieben. Leckeres Frühstück und hübscher Innenhof. ■ Theofilískous/Cháritos 2, Rhodos-Stadt, Tel. 22 41 03 65 96, www.hotelattiki.com

€€–€€€ | In Camera Geschmackvolle Suiten und eine Villa mit modernstem Komfort, ökologischen Matratzen, Balkendecken und Natursteinmauern. Fahrräder stehen zur Verfügung. ■ Sofokléous 35, Rhodos-Stadt, Tel. 22 41 07 72 77, www.incamera.gr

€€€ | Avalon Liebevoll restauriertes, historisches Gebäude mit sechs romantischen Suiten, ausgestattet mit modernem Komfort, Balkonen und Whirlpool. ■ Cháritos 9, Rhodos-Stadt, Tel. 22 41 03 14 38, www.avalonrhodes.gr

Rhodos-Stadt (Neustadt) 33

€–€€ | Krinis Apartments Modern ausgestattete Apartments zur Selbstverpflegung mit zuvorkommenden Gastgebern. ■ Stratigoú Gríva 9, Tel. 22 41 07 89 87, www.krinisapartments.gr

€€ | Koúkos Ganz besonderes Gästehaus mit vier liebevoll im traditionellen rhodischen Stil eingerichteten Zimmern und angeschlossenem Restaurant. Frühstück aus der eigenen Backstube. ■ Mandilará 20–22, Rhodos-Stadt, Tel. 22 41 07 30 22, www.koukosrodos.com

€€€ | Rodos Park Suites & Spa Kleines Fünf-Sterne-Haus mit eleganten Zimmern, ruhigem Garten mit Pool und Wellnessbereich für gehobene Ansprüche. Altstadtblick von der Dachterrassen-Bar. ■ Ríga Feréou 12, Rhodos-Stadt, Tel. 22 41 08 97 00, www.rodospark.gr

Ialyssós 41

€ | Johnhara In den gepflegten und ruhig, gerade mal 200 m vom Strand entfernt gelegenen Studios und Apartments fühlt man sich schnell wie zu Hause. Sehr empfehlenswert auch für Familien. ■ Ferenníkis, Ialyssós, Tel. 69 42 40 91 30, www.johnharastudios.com

€ | Trianta Gut für Selbstverpfleger geeignetes, familiär geführtes Apartmenthotel mit geräumigen Unterkünften, Pool und gutem Preis-Leistungs-Verhältnis. ■ Párodos Triánton, Ialyssós, Tel. 22 41 09 45 25, www.triantahotel.gr

€€ | Dionysos Kinderfreundliches Hotel mit großer Poollandschaft und gepflegten Zimmern, umgeben von Pinien und Olivengärten. Freundliches Personal und reichhaltiges Frühstück. ■ Iliádon 4, Ixiá, Tel. 22 41 02 30 21, www.dionysos-hotel.gr

€€–€€€ | D'Andrea Mare Beach Modern eingerichtetes und kinderfreundliches All-inclusive-Hotel am Strand mit hübscher Poollandschaft und Wellnessbereich. ■ Timokréontos, Ialyssós, Tel. 22 41 09 60 86, www.dandreamare.com

€€€ | Atrium Platinum Großes Fünf-Sterne-Haus mit Zimmern und Familiensuiten, alle mit seitlichem oder direktem Meerblick. Mehrere Restaurants, Pool, Tennisplätze und Wellness, außerdem reichhaltiges Frühstück. Gut pauschal buchbar. ■ Leofóros Iliádon, Ixiá, Tel. 22 41 04 49 01, www.atrium platinum.gr

Kremastí 45

€ | Maria Studios & Apartments Günstige, einfache und geräumige Unterkünfte, besonders herzlich geführt. Hier fühlt sich wohl, wer sich nicht am Flugzeuglärm stört. ■ Dimokratías 6, Kremastí, Tel. 22 41 09 18 21

€ | Filoxenía Der Name »Gastfreundschaft« ist in der familiär geführten Anlage mit Pool und Studios und Apartments mitten im Grünen Programm. Gutes Preis-Leistungs-Verhältnis. ■ Inselrundstraße zw.Theológos und Paradíssi, Tel. 22 41 08 24 00

Kallithéa-Thermen 46

€–€€ | Stavros Melathron Gut auch für Familien geeignete Apartmentanlage mit 20 Wohneinheiten, die über eine Küchenzeile verfügen, und schönem Garten mit Pool. ■ Leofóros Kallithéas 24, Tel. 22 41 06 08 83, www.stavmel.gr

€€ | Eden Roc Gepflegtes Vier-Sterne-Resort mit Pool gleich an der Küste und kleinem, kiesigen Privatstrand. Für die Kids gibt es ein Kinderbecken mit kleinen Wasserrutschen, für sportlich Aktive einen Tennisplatz. ■ Leofóros Kallithéas, Tel. 22 41 06 70 67, www.edenroc.gr

ADAC Das besondere Hotel

Im **Fashion-Hotel** der Designer Nikos und Takis, die schon international bekannte Stars wie Sofia Loren und Jackie Onassis eingekleidet haben, fühlt man sich fast wie in »Tausend und einer Nacht«. Nur ein Augenblick trennt das Boutique-Hotel mit der tollen Dachterrasse und den acht mit edlen bunten Stoffen eingerichteten Suiten, teils mit Whirlpool und Blick auf den Großmeisterpalast, von ebendiesem.

€€ | Panetíou 28, Rhodos-Stadt (Altstadt), Tel. 22 41 07 07 73, www.nikostakishotel.com

Der Osten der Insel

Rhodos' Ostküste wird von quirligen Urlaubsorten und tollen Stränden gesäumt, im Landesinneren warten lebhafte Binnendörfer

Die nördliche Ostküste ist die quirligste Urlaubsregion der Insel, hier beziehen die meisten Rhodos-Urlauber Quartier. Die von unzähligen Hotels besiedelte Küste zwischen Rhodos-Stadt und Líndos wird zudem von langen Stränden wie bei Faliráki oder Afándou und wunderschönen Buchten, etwa die Felsenbucht Anthony Quinn, die Ladikó- oder die Tsambíka-Bucht, gesäumt. Im Hinterland mischt sich der Tourismus mit dem Leben der Einheimischen. Dort trifft man auf urige Dörfer wie Psínthos, Eleoússa, Afándou oder Archángelos und mit Eptá Pigés und dem dritthöchsten Inselberg Profítis Ilías auf landschaftlich reizvolle Gebiete, ideal für Spaziergänge und Wanderungen. Die Urlaubsorte und einige küstennahe Dörfer werden durch die Inselrundstraße miteinander verbunden. Die Bettenhochburg der Region und der ganzen Insel ist Faliráki. Etwas ruhiger geht es in den Küstenorten Kolímbia, Stegná und Charáki zu.

Immer wieder lohnen von der Küste aus Abstecher zu traumhaft gelegenen Kirchen und Klöstern: die Moní Panagía Tsambíka mit dem grandiosen Ausblick, das byzantinische Kirchlein Ágios Nikólaos Fountouklí mit den tollen Fresken oder die idyllisch gelegene Moní Kammýri.

In diesem Kapitel:

ADAC Top Tipps:

3 **Anthony-Quinn-Bucht**
| Strand |
Der schmale Strand in der malerischen Felsenbucht ist ein viel besuchtes Paradies für Schnorchler. Auch müßige Sonnenanbeter fühlen sich in der Postkartenbucht wohl. 53

4 **Moní Panagía Tsambíka**
| Aussichtspunkt |
Die 240 m hoch gelegene Gipfelkapelle des nicht mehr bewohnten Klosters bietet Hilfe bei Kinderwunsch und großartige Aussichten. 60

ADAC Empfehlungen:

9 **Mimákos, Afándou**
| Restaurant |
Man mischt sich unter die Einheimischen und genießt das leckere Essen und die tolle Aussicht. 55

10 **Artistic Village, Kolímbia**
| Einkaufen |
Traditionell oder lieber modern? Keramikwaren für jeden Geschmack. 57

11 **Eptá Pigés**
| Naturerlebnis |
Auf der Suche nach einem kühlen Plätzchen im Wald auch in der Sommerhitze. 57

12 **Ágios Nikólaos Fountouklí**
| Kirche |
Rhodos' hübschestes, in eine mit Pinien bewachsene Hügellandschaft eingebettes Kirchlein ist ein byzantinisches Kleinod. 58

13 **Mikrí Póli, Kolímbia**
| Hotel |
Gut pauschal buchbar: Die »Kleine Stadt« direkt am Strand ist ein hervorragendes Urlaubsquartier für Familien mit Kindern. 67

7 Faliráki

Rhodos' größter Urlaubsort, Freizeitspaß und Partys garantiert

Information

■ Touristeninfo, Kentrikí Platía, Faliráki, Tel. 22 41 08 55 55, Mo–Fr 7–15 Uhr

Aus dem einst unbedeutenden Fischerdorf Faliráki mit dem breiten und gut 6 km langen feinen Sandstrand entwickelte sich erst in den 1980er-Jahren ein Urlaubsort. Heute ist Faliráki Rhodos' Bettenhochburg, wird Sommer für Sommer von zahllosen Urlaubern bevölkert und steht wegen des ausschweifenden Nachtlebens besonders bei jungen Leuten hoch im Kurs. Unzählige Fast-Food-Lokale, Irish Pubs, Bars, Clubs und Geschäfte bilden rund um die »Bar-Street« das Zentrum des Trubels. Am sanft abfallenden Strand stehen Sonnenschirme und Liegen dicht an dicht. Wassersport sorgt neben Bungee-Sprüngen, Bowling, Minigolf, Wellenbad mit Wasserrutschen und vielen anderen Aktivitäten den ganzen Tag für Spaß. Dass in Faliráki nicht nur junge Leute Urlaub machen, fällt im nördlichen Ortsteil Ammoúdes auf, wo auch familienfreundliche Großhotels das Bild prägen. Etwas ruhiger als im Ortskern geht es zudem im Süden von Faliráki zu. Rund um den kleinen Fischerhafen liegen Ausflugs- und Fischerboote vor Anker. Eine Besonderheit ist in der Nähe der Mandómata (Nudist) Beach, der einzige offizielle FKK-Strand der Insel.

Sehenswert

Profítis Amós

| Natur |

Mehr als das weiß-blau getünchte Kirchlein mit ein paar alten Fresken-

Das glasklare Wasser der Anthony-Quinn-Bucht lockt zahlreiche Schnorchler an

resten und seine Nebengebäude bezaubert auf dem ehemaligen Klostergelände die idyllische Lage im Wäldchen. Die Ruhe wird hier lediglich durch das Zirpen der Zikaden und die Schreie der frei lebenden Pfauen gestört. Ein Fußpfad führt in 20 bis 30 Minuten hinauf auf den Hügel mit einem weiteren Kirchlein. Dort eröffnet sich dem Spaziergänger eine grandiose Aussicht auf Faliráki und auf die in allen erdenklichen Blau-, Türkis- und Grüntönen schimmernden Buchten Anthony Quinn und Ladikó.

Anthony-Quinn-Bucht

| Strand |

3 *Fotogene Badebucht, wunderschön und viel besucht*

Die von steilen, mit Pinien bewachsenen Felsklippen gerahmte Postkartenbucht verdankt den Namen dem Schauspieler, dessen Namen sie trägt. Anthony Quinn drehte auf Rhodos Szenen für den Film die »Kanonen von Navarone«. Als Dank für diese Werbung bekam er die Bucht von den griechischen Obristen geschenkt. Die demokratische Regierung machte die Schenkung später wieder rückgängig. So kann heute jeder die idyllische Bucht mit dem kristallklaren Wasser bestaunen, kann schnorcheln und am schmalen Sand-Kies-Strand entspannen – vorausgesetzt, man bekommt ein freies Plätzchen!

Ladikó-Bucht

| Strand |

Weniger turbulent als am Hauptstrand von Faliráki geht es in der hübsch von Felsen umrahmten Ladikó-Bay zu. Die beiden Sand-Kies-Strände fallen flach ins Meer ab und sind somit auch bei Familien mit Kleinkindern sehr beliebt. Am größeren Strand sorgt eine Taverne für das leibliche Wohl.

Verkehrsmittel

Busse verbinden Faliráki von 7 Uhr morgens bis 1 Uhr nachts etwa halbstündlich mit Rhodos-Stadt. Auch fahren vormittags alle 30 Minuten und nachmittags einmal stündlich Busse nach Líndos.

Restaurants

€–€€ | **Manólis** Alteingesessene, sehr gemütliche Taverne mit guter Küche. Sehr beliebt ist das im Ofen gebackene Lamm »kléftiko«. ■ Apóllonos, Tel. 22 41 08 65 61, tgl. ab 13 Uhr

€€–€€€ | **Rattan** In modernem Ambiente werden kreative mediterrane Speisen mit Pfiff angerichtet. Wert wird auch auf die Musik gelegt, die bei einem guten Cocktail zu längerem Verweilen einlädt. ■ Leofóros Kallithéas, Tel. 69 42 46 22 72, tgl. ab 18 Uhr

Kneipen, Bars und Clubs

Bondi-Bar Durchgestylter Club in der »Bar-Street«, zum Tanzen und Feiern, gute Musik und leckere Cocktails. ■ Ermou 14, Tel. 22 41 08 61 24, tgl. 19–4 Uhr

1947 Urige Bar mit tollen Cocktails aus griechischen und internationalen Spirituosen, kreativ serviert. ■ Apóllonos, Tel. 22 41 08 70 90, tgl. ab 17 Uhr

Kinder

Skypark Bowlingbahn mit angeschlossenem Spiel- und Minigolfplatz, Billardtischen und Videospielen. ■ Leofóros Kallithéas, Tel. 22 41 08 75 08, Mo–Fr ab 13, Sa, So ab 11 Uhr, www.skypark.gr

Waterpark Wasserrutschen, ein Piratenschiff, der Tarzanpool mit Kletterseilen und vieles mehr für kleine Wasserfans – natürlich auch für Erwachsene. ■ Leofóros Kallithéas (Ammoúdes), Tel. 22 41 08 44 03, www.water-park.gr, Mai, Sept.–Okt. tgl. 9.30–18, Juni–Aug. tgl. 9.30–19 Uhr, 24 €, Kinder (3–12 Jahre) 16 €, Kleinkinder frei

8 Afándou

Authentisches Leben, langer Strand und kostbares Kirchlein

Obwohl Afándou einige Pensionen und kleine Hotels zählt und der Küste recht nah ist, hat sich Rhodos' größtes Dorf Ursprünglichkeit bewahrt. Dreh- und Angelpunkt des Orts ist die Platía, der Dorfplatz, mit dem kuriosen Namen Gummersbach (siehe »ADAC Wussten Sie schon?«, S. 54). Dieser wird von kleinen Läden, von urigen Kaffeehäusern und auch von moderneren Cafés und Tavernen gesäumt. Markantester Bau ist die Kirche Kímissis tis Theotókou aus dem 20. Jh. Der einstige Besuchermagnet des Orts, der einzige 18-Loch-Golfplatz der Insel, scheint hingegen seine besten Zeiten hinter sich zu haben. Der Platz ist in einem schlechten Zustand und wird nur noch selten bespielt. Beliebter – insbesondere bei einheimischen Familien – ist der dank seiner Größe selbst in der Hochsaison nie überfüllte Afándou Beach. Der breite Sand- und Kiesstrand bietet sowohl Sonnenschirm- und Liegenverleih als auch natürlichen Schatten unter Tamarisken.

ADAC Wussten Sie schon?

In vielen griechischen Dörfern treffen Besucher immer wieder auf Menschen, die in den 1960er-Jahren als Gastarbeiter in Deutschland tätig waren und später in die Heimat zurückgekehrt sind. Die Bewohner von Afándou hat es einst nach **Gummersbach** in Nordrhein-Westfalen verschlagen. Inzwischen kann rund ein Sechstel der Bewohner von der Industriestadt berichten. 1988 wurde die Verbindung zwischen den beiden Orten durch eine Städtepartnerschaft besiegelt. So bekam die Platía, der zentrale Dorfplatz, auch den außergewöhnlichen Namen. Treffpunkt ist dort natürlich das gleichnamige »kafenío«.

Sehenswert

Panagía Katholikí

| Kirche |

Die im 5. Jh. erstmalig erbaute Marienkirche bezeugt bis heute die Geschichte von Afándou. Das Kirchlein gehörte einst zur Küstensiedlung, die im 7. Jh. zerstört wurde. Um sich vor erneuten Angriffen zu schützen, wurde das Dorf an seinem heutigen Standort erbaut. Da die Kapelle immer wieder zerstört wurde, stammt die heutige Kreuztonnenkirche aus dem 10. Jh. Das winzige Gotteshaus weist ins Mauerwerk integrierte antike Kapitelle und Säulenreste auf. Fresken aus dem 13./14. Jh. zeigen Heilige, Szenen aus dem Leben Jesu Christi, aber auch andere biblische Geschichten.

■ An der Straße zum Strand

Traganoú

| Strand |

Der Afándou Beach geht im Norden fast nahtlos in den kiesigen Trag-

Wer in griechischen Alltag eintauchen möchte, sollte das Dorf Afándou besuchen

anoú-Strand über. Mit dem kristallklaren Wasser und den erkundenswerten Felshöhlen gehört er zu den beliebtesten der Insel. Ein Liegestuhlverleih sorgt für einen bequemen Strandaufenthalt.

Restaurants

€ | **Katholikí** Ländliches Flair und Essen wie bei Muttern zieht in der einfachen Taverne auch viele Einheimische an. ■ Straße zum Strand neben der Kirche Panagía Katholikí, Tel. 22 41 05 20 66

9 € | **Mimákos** In der Terrassentaverne mit Meerblick, die auch Einheimische gern besuchen, geht es typisch griechisch zu: Die kleine Karte umfasst »mezédes« und Salate sowie Fleischgerichte. Am Wochenende gibt es oft Live-Musik. ■ Inselrundstraße Afándou–Faliráki (landseitig), ausgeschildert, Tel. 22 41 05 13 33, Mo–Fr ab 16 Uhr, Sa, So ab 12.30 Uhr

9 Psínthos

Geschichtsträchtiges Dorf im Landesinneren mit gemütlicher Platía

1912 konnten die Italiener in Psínthos die Osmanen besiegen. Heute ist das Bergdorf im Inselnorden, das von knapp 1000 Menschen bewohnt wird, besonders wegen seiner Ursprünglichkeit und der Nähe zu Rhodos-Stadt und den Ferienorten ein beliebtes Ziel zum Essengehen. An das große historische Ereignis erinnert inzwischen nur noch eine Gedenktafel. Wie die Rhodier wissen Urlauber die guten Tavernen rund um die Platía mit dem knorrigen Ölbaum in der Mitte zu schätzen. Wer sich im Ort ohne nennenswerte Sehenswürdigkeiten auf Erkundungstour begeben möchte, kann am Bach Fassoúli am Ortsrand die dort lebenden und vom Aussterben bedrohten Gizáni-Fische entdecken.

Restaurants

€ | Smaragd Leckere »dolmádes« (gefüllte Weinblätter), typisch griechisch zubereiteter Stockfisch und köstliches »stifádo« (Ziegengulasch mit Zwiebeln) sind nur einige der Spezialitäten in dieser Taverne. ■ Platía, Tel. 22 41 05 02 22, www.psinthos.eu, tgl. ab 10.30 Uhr

10 Kolímbia

Einst ein Bauerndorf, heute ein familienfreundlicher Urlaubsort mit Badevielfalt

Die Eukalyptusallee, die schnurgerade von der Inselrundstraße ins gemütliche Kolímbia führt, ist knapp 2 km lang und erinnert an die Gründung des heutigen Urlaubsorts. Das rasterartig angelegte Kolímbia wurde Mitte der 1930er-Jahre von den italienischen Besatzern als Bauerndorf gegründet. Den Wandel zum Urlaubsort, dessen Straßen nach europäischen Städten benannt sind, verdankt das Dorf den drei flach ins Meer abfallenden, von Felsen gerahmten Stränden. Mit harmonisch in die Landschaft eingebetteten Hotels, darunter auch gute Familienresorts, zählt Kolímbia zu den lebhaften und beliebten rhodischen Urlaubsorten. Für Idylle sorgt ein winziger Fischerhafen und die Landzunge südlich der Siedlung.

Sehenswert

Rodos Nature – Folklore-Museum

| Museum |

Das 2016 eröffnete, freundlich geführte Museum zeigt eine liebevoll arrangierte Sammlung diverser Alltagsgegenstände, landwirtschaftlicher Geräte und vielem mehr aus dem 18. bis ins frühe 20. Jh. Eine umfassende Fotoausstellung dokumentiert außerdem die Flora und Fauna der Insel Rhodos.
■ Enoménis Evrópis, www.rodosnature.gr, Mo–Sa 9–17 Uhr, 3 €

Eptá Pigés, die »Sieben Quellen«, sind ein schattiges Ausflugsziel für heiße Tage

Restaurants

€€ | **Limanáki** Auf den Felsen am Kap gebaut, herrlicher Blick auf Bucht und Hafen, Tische, an denen sich fast die Wellen brechen. Frischer Fisch von lokalen Fischern. ■ Hafen, Tel. 2241056240, tgl. ab 10 Uhr

Einkaufen

(10) **Artistic Village** Familie Simiakós beweist in ihrem erkundenswerten Geschäft, dass aus traditioneller Töpferkunst auch viel Kreatives und Originelles entstehen kann. ■ Inselrundstraße Afándou–Kolímbia, Tel. 2241052038, www.artisticvillage.gr

11 Eptá Pigés

(11) *Erfrischendes, üppig grünes Ausflugsziel – auch an heißen Tagen*

Eptá Pigés verdankt den Namen den sieben Quellen die sich im dicht bewaldeten Tal zu einem Bachlauf vereinen. Mit erfrischenden Temperaturen ist das Naturgebiet, an der Verbindungsstraße Kolímbia–Archípoli gelgen, besonders im Sommer ein beliebtes Ausflugsziel. Die Italiener nutzten das Wasser der Quellen einst für die Bewässerung von Kolímbia. Bis heute sind die Reste des alten Bewässerungssystems hier zu sehen und sogar begehbar. Mutige, die nicht an Platzangst leiden, können, mit einer Taschenlampe ausgestattet, durch einen etwa 186 m langen, schmalen Tunnel laufen. Wer die Füße lieber im Trockenen lässt, sucht sich ein lauschiges Plätzchen in der Waldtaverne oder zwischen Pinien, Platanen, Oleander und Feigenbäumen. Das von Pfauen und Gänsen bewohnte Wäldchen ist gut für ein Picknick geeignet.

ADAC Mobil

Der kleine **Parkplatz von Eptá Pigés** an der Straße zwischen Westküste und Eleoúsa ist leicht zu übersehen. Von der Inselrundstraße im Westen trennen ihn etwa 3 km. Wer Lust hat, ein wenig über Stock und Stein zu laufen, lässt das Auto dort stehen und läuft in einer halben Stunde zu den »Sieben Quellen«. Alternativ kann man über die schmale Serpentinenstraße direkt zur Taverne und dem Tunnel fahren.

Restaurants

€–€€ | **Eptá Pigés (Seven Springs)** Leckeres vom Grill und griechische Klassiker an Tischen auf mehreren Ebenen unter Platanen und Kiefern. ■ Eptá Pigés, Tel. 2241056259, www.eptapiges.com, tgl. ab 9 Uhr

Kinder

Toy Museum
| Museum |
Das private Spielzeugmuseum mitten im Olivenhain zeigt in Griechenland gefertigtes Spielzeug aus den 1930er- bis 1990er-Jahren. Zu sehen gibt es u. a. Puppen, Autos, Brettspiele und sogar griechisches Playmobil. Alte Flipperautomaten und Spielzeug für die Kleinsten laden zum Ausprobieren ein. ■ Straße zw. Archípoli und Psínthos (ca. 6 km westlich von Eptá Pigés), www.toymuseum.gr, April–Anfang Nov. Di–So 11–16 Uhr, Eintritt frei

Ágios Nikólaos Fountouklí ist ein typisches Beispiel byzantinischer Architektur

12 Eleoúsa

Architektonische Überbleibsel eines italienischen Kolonialdorfs

Das heute wildromantisch anmutende Dörfchen Eleoúsa liegt im Landesinneren rund 13 km vom Meer entfernt. Der Ort wurde erst Mitte der 1930er-Jahre von den Italienern als Musterdorf für ihre Kolonien erbaut. Im damals Campochiaro genannten Dorf siedelten sich Holzfäller aus Norditalien an, die sich um die rhodischen Wälder kümmern sollten. Inzwischen sieht man in dem von unzähligen Platanen und Kiefern umgebenen Dorf nur noch wenige Einwohner. An seine ursprüngliche Funktion erinnern die eher düster erscheinenden, verfallenen Gebäude rund um die von Palmen und Pinien begrünte Platía, die nur für wenige Jahre Treffpunkt der Dorfbewohner war. Markantester Bau ist das zwischen 1947 und 1970 als Sanatorium genutzte Bauwerk an der Längsseite. Gegenüber diente der heute als Schule fungierende Bau einst als Gefängnis. Die weiß getünchte Kirche Agíou Charalámbous, das einzig intakt scheinende Gebäude am Platz, wurde ursprünglich als katholisches Gotteshaus erbaut.

13 Ágios Nikólaos Fountoklí

12
Byzantinisches Kirchlein inmitten grüner Hügellandschaft

Die tagsüber frei zugängliche byzantinische Kirche des »Heiligen Nikolaos von den Haselnüssen« liegt eingebettet in einer pinienbewachsenen Hügellandschaft an der Straße zwischen Eleoúsa und dem Gipfel des Profítis Ilías. Idyllisch steht der Natursteinbau aus dem 14./15. Jh. zwischen Oliven- und Feigenbäumen vor einer grünen Kulisse, einst wohl mit Haselnussbäumen

ADAC Spartipp

Nicht immer müssen Sehenswürdigkeiten Geld kosten. Kunst zum Nulltarif können Interessierte auch im Pinienwald zwischen Eleoúsa und Archípoli bestaunen. Auf dem **Freiluftgelände des Artparks** (tgl. 10–16 Uhr) mit angeschlossener Werkstatt für Künstler aus aller Welt präsentieren sich Malereien, aber auch Werke aus den Bereichen Fotografie und Bildhauerei vor außergewöhnlicher Kulisse.

bewachsen. Auf der anderen Seite der Straße fließt kaltes Quellwasser in einen Trog, alte Platanen sorgen ein Stück weiter abwärts für Schatten über Picknicktischen. Kinder können sich auf einem kleinen Spielplatz neben der Kirche austoben.

Der Vier-Konchen-Bau mit den vier halbrunden Kreuzarmen (Konchen) unter der Kuppel ist ein typisches Beispiel byzantinischer Architektur. Im Inneren der Kirche überraschen die zahlreichen recht gut erhaltenen Wandmalereien, etwa Christus als Pantokrator über dem Altar, die Taufe Christi oder die Erweckung des Lazarus. Anders als in griechisch-orthodoxen Kirchen üblich, bilden die Fresken nicht nur Heilige und Szenen aus dem Alten und Neuen Testament ab, sondern thematisieren auch das Leben der Stifterfamilie: Der kaiserliche Beamte und seine Frau sind gleich neben dem Eingang dargestellt. Flankiert von Johannes dem Täufer und der Jungfrau Maria, übergeben sie Christus ein Modell der Kirche. Die Darstellung auf der anderen Seite der Tür berichtet vom traurigen Anlass für den Bau der Kirche. Es bildet die drei Kinder des Stifterpaares ab, die in jungem Alter starben. Die Kinder werden vom jugendlichen Christus gesegnet. Weinreben und Vögel symbolisieren die Hoffnung der Eltern, dass ihre Kinder im Paradies aufgenommen wurden.

14 Profítis Ilías

Schwarzwald-Atmosphäre auf Rhodos' dritthöchstem Berg

Mit dem dichten Zedern- und Pinienwald erinnert das Areal rund um den Gipfel des Profítis Ilías (798 m) eher an

Im Blickpunkt

Woher stammen Hirsch und Hirschkuh?

Hirsch und Hirschkuh, die rhodischen Wappentiere, sieht man nicht nur im Emblem der Insel, sondern auch als Bronzefiguren an der Einfahrt des Mandráki-Hafens (S. 34) in Rhodos-Stadt und mit viel Glück sogar in den rhodischen Wäldern. Der Damhirsch war ursprünglich in Vorder- und Kleinasien heimisch und wurde vermutlich von den Römern nach Europa gebracht. In den rhodischen Wäldern sollen die Hirsche – so will es zumindest der Volksmund – übrigens schon länger unterwegs sein. Bereits in griechischer Zeit quälte Rhodos eine Schlangenplage. Das Orakel von Delphi wurde befragt, und dieses sagte voraus, dass nur Hirsche die Insel retten können. Die Schlangen starben tatsächlich aus, und die Hirsche galten fortan als heilig.

den Schwarzwald als an die Ägäis. Die Ähnlichkeit mit mitteleuropäischen Gefilden scheint auch den Italienern gefallen zu haben. 1929 bauten sie dort im Chalet-Stil die beiden Hotels Élafos (S. 67) und Elafína (Hirsch und Hirschkuh), die ihren Namen den wenigen noch in der Region lebenden Wappentieren der Insel verdanken. Wer hier ein wenig verweilen möchte, kann im nostalgisch anmutenden Café des der Zeit zu trotzen scheinenden Hotels oder im kleinen Waldcafé gegenüber einkehren. Naturfreunde und Wanderer staunen bei Wanderungen über endemische Pflanzenarten, etwa seltene Orchideen. Außerdem führen die Waldwege auch vorbei an der Ruine der Villa de Vecchi, einem Haus, das einst für Mussolini erbaut wurde. Urlaub hat der Italiener dort jedoch nie gemacht. Markierungen weisen die Pfade im Wald übrigens kaum auf.

15 Moní Panagía Tsambíka

4 *Gipfelkapelle mit Ausblick, modernes Kloster und Traumstrand*

Die einzigartig auf dem Gipfel eines 240 m hohen Hügels über dem Meer thronende Kapelle ist die wohl bekannteste der Insel und gehörte einem heute nicht mehr bewohnten Kloster an. Mit dem Auto erreicht man sie von der Inselrundstraße zunächst über eine etwa 1,5 km lange Betonpiste, an deren Ende man das Auto abstellt. Vom Parkplatz führen in gut 20 Minuten etwa 300 Treppenstufen zwischen Bergpinien hinauf.

Die kleine Marienkapelle zwischen Himmel und Meer ist wichtiges Pilgerziel, fasziniert aber auch mit dem herrlichen Blick. So nehmen täglich nicht nur Urlauber den mühsamen Aufstieg auf sich, sondern auch viele Gläubige und insbesondere kinderlose Paare. Denn die Muttergottes Panagía Tsambíka ist bekannt dafür, den Kinderwunsch zu erfüllen – wenn auch die als wundertätig geltende Ikone inzwischen sicherheitshalber im neuen Kloster Káto Tsambíka an der Küstenstraße, die von Kolímbia nach Archángelos führt, untergebracht ist. In der Gipfelkapelle mit der bescheidenen Ikonostase verehren Gläubige heute »nur« ein überlebensgroßes Wandgemälde der Muttergottes. Mehr Erfolg für die Erfüllung ihrer Wünsche versprechen sich die Gläubigen übrigens, wenn sie die gesamte Strecke hinauf zu Fuß bewältigen.

Gefällt Ihnen das?

Grandiose Ausblicke wie von der **Kapelle Panagía Tsambíka** eröffnen sich von den rhodischen Hügeln immer wieder, so auch vom **Filérimos-Hügel** (S. 42), von der **Burg Monólithos** (S. 96) oder vom **Kloster Kalópetra** (S. 104).

Sehenswert

Moní Káto Tsambíka
| Kloster |
Das neuere Kloster Tsambíka mit der großen, 1730 errichteten Kirche ist nicht nur für diejenigen Besucher einen Blick wert, die die wundertätige Marienikone sehen wollen. Im Inneren des Gotteshauses imponiert auch eine reich verzierte Ikonostase. Interessant ist außerdem ein Blick in das angeschlossene kleine Sakralmuseum. Aus-

gestellt werden dort liturgische und andere Geräte, uralte Ikonen sowie jahrhundertealte Schriften.
■ Inselrundstraße, Sakralmuseum: 1 €

Tsambíka Beach

| Strand |
Der Tsambíka-Strand in der Bucht südlich unterhalb der Gipfelkapelle gilt als einer der schönsten der Insel. Auf 2 km, die sich zwischen zwei Felskaps erstrecken, bilden feinster Sand und in allen erdenklichen Blau- und Türkistönen schimmerndes Wasser ein herrliches Badeareal. Der über eine Stichstraße zwischen den Klöstern erreichbare Strand gehört zu den Ländereien des Konvents und ist im Hinterland unverbaut. Für das leibliche Wohl der Strandbesucher sorgen dennoch ein Dutzend Snackbars. Wassersportangebote versprechen viel Spaß für Groß und Klein.

Restaurants

€–€€ | Panorama Terrassentaverne mit herrlichem Blick auf die Bucht – von Rhodiern gern wegen der leckeren Hausmannskost besucht. ■ Inselrundstraße südlich des neuen Klosters, Tel. 2244 023153, www.panoramatsampikas.gr

Events

Panijíri Anlässlich des Geburtstags der Muttergottes findet am neuen Kloster Káto Tsambíka jährlich zwischen dem 6. und 8. September das größte Patronatsfest der Insel statt. Folklore, Tanzaufführungen und ein paar kleine Fahrgeschäfte gehören ebenso dazu wie die marktähnlichen Stände, die viel unnützen Kram und zahlreiche Leckereien anbieten.

Im Blickpunkt

Lösung für den Kinderwunsch?!

Wie auch sonst in vielen griechisch-orthodoxen Kirchen üblich geht die Gründung des Klosters Panagía Tsambíka auf eine wundersame Geschichte zurück. Ein Funke (im rhodischen Dialekt »tsámba«) wies einst einem Ehepaar, das lange ein Kind zu bekommen versuchte, den Weg zu einer Marienikone auf dem Hügel. Das Paar gelobte der Muttergottes, eine Kirche zu errichten, wenn sie ihm den Kinderwunsch erfülle. Die Frau gebar tatsächlich ein Kind, und das Paar ließ die versprochene Gipfelkapelle erbauen. Bis heute wandern Pilgerinnen mit Kinderwunsch auf den Hügel und hoffen auf die Hilfe der Muttergottes. Klappt es mit der Schwangerschaft, wird das Kind traditionsgemäß nach der Muttergottes, also Tsambíka oder Tsambíkos, benannt.

Blick von der Johanniterburg auf die Dächerlandschaft von Archángelos

16 Archángelos

Großes Dorf mit altem Ortskern, Burgruine und naher Badebucht

Der »Erzengel«, wie Rhodos' zweitgrößtes Dorf heißt, erstreckt sich zwischen zwei Hügeln in einem weiten Tal und wirkt – für griechische Inselverhältnisse – mit seinen rund 5500 Einwohnern fast schon wie eine Kleinstadt. In Archángelos gehen die Bewohner weitgehend unberührt vom Tourismus ihrem normalen Alltag nach. Treffpunkt im Ort ist die breite Hauptstraße, die zwischen dem neuen Siedlungsgebiet und dem alten Ortskern verläuft. Sie wird von Cafés, Tavernen und Geschäften gesäumt. Ein schöner Spaziergang führt durch den alten Ortskern mit den weiß getünchten Häusern, die sich in labyrinthartigen Gassen aneinanderreihen. Orientierungspunkt im alten Dorf ist die dem Erzengel Michael geweihte Kirche Archángelos. Weithin sichtbar ragt ihr weißer, verspielter Glockenturm über das Häusermeer hinaus. Der Glockenturm aus dem frühen 20. Jh. ist ein siebenstöckiges Werk mit zierlichen Säulen, Kreuzen und Kuppeln. Ist die Kirche von 1845 geöffnet, sollte man einen Blick hineinwerfen: Das Innere zeigt sich mit roten Marmorsäulen und blauem Kreuzrippengewölbe außergewöhnlich bunt. Der prachtvolle Bischofsthron, die Kanzel und die Kapitelle sind vergoldet.

Sehenswert

Johanniterburg

| Ruine |

Die von der Hauptstraße als »Akropolis« ausgeschilderte, frei zugängliche Ruine eines im Jahr 1476 erbauten Johanniterkastells thront auf einem 200 m hohen Felsplateau und lockt hauptsächlich mit dem Blick auf die Dächer von Archángelos. Von der Burg, die zum Schutz vor Piraten errichtet wurde, sind Außenmauern mit den Emblemen einiger Großmeister erhalten. Im Hof der Festung, die bereits 1503 zerstört wurde, steht die Kapelle Ágios Geórgios von 1890.

Restaurants

€ | **Hellas** Authentisch und herzlich: ein Deutsch sprechender Besitzer und klassische Gerichte zu guten Preisen.
■ Nahe der Kirche, Tel. 22 44 02 27 06, www.hellas-archangelos.gr, tgl. 12–15.30 und 18–24 Uhr

In der Umgebung

Stegná
| Ort |
Etwa drei kurvige Kilometer mit herrlichem Ausblick führen von Archángelos hinunter ans Meer. Der gemütliche Küstenweiler Stegná hat sich in nur wenigen Jahren von der Fischer- und Sommersiedlung der Bewohner von Archángelos zum gemütlichen Badeort gewandelt. Die vielen Individualreisenden aus Deutschland und den Niederlanden verbringen seitdem in gemütlichen Apartmenthäusern hier ihren Urlaub. Die Bucht mit dem flach abfallenden Sand-Kies-Strand wird von Tavernen gesäumt.

Restaurants

€ | **Maria** Köstliche Gerichte, Fisch, Fleisch und Hausmannskost in freundlichem, familiärem Ambiente. ■ Seitengasse südlich des Fischerhafens, Stegná, Tel. 22 44 02 43 11, tgl. ab 11 Uhr

17 Charáki

Charmanter Urlaubsort in kleiner Bucht zu Füßen einer Johanniterburg

Der beliebte Ferienort zählt viele Stammgäste. Kein Wunder, die Ruhe im kleinen Charáki wird nur im Juli und August gestört. Der Ort erstreckt sich in einer malerischen Bucht, die im Norden durch einen Festungshügel und im Süden von einem kleinen Felskap begrenzt wird. Im Wasser dümpeln Fischerboote. Die schmale Promenade rund um den flach abfallenden Sand-Kies-Strand wird von Pensionen, Apartmenthäusern, Cafés und Tavernen gesäumt. Gleich hinter den wenigen Bauten rund um das Hafenbecken erstrecken sich bereits die weitläufigen Felder der wenigen Einwohner. Wer mehr Platz zum Baden braucht, kann den sich fünf Kilometer gen Süden erstreckenden, steiler abfallenden Strand hinter dem südlichen Felskap besuchen.

Charáki ist ein beschaulicher kleiner Badeort mit hübschem Kieselstrand

Um die Féraklos-Festung zu erklimmen, braucht man stabiles Schuhwerk

Sehenswert

Féraklos-Festung

| Ruine |

Die frei zugängliche Ruine der Féraklos-Festung auf dem nördlichen Felskap der Bucht von Charáki ist in etwa 15 Minuten zu erklimmen. Auf dem Hügel, auf dem Spuren einer antiken Akropolis gefunden wurden, errichteten die Byzantiner eine Burg. Die Johanniter restaurierten sie 1470 und nutzten den Bau, von dem noch der Mauerring erhalten ist, nicht nur als Befestigung, sondern auch als Zuckerraffinerie, als Gefängnis für ihre Kriegsgefangenen und als Verbannungsort für straffällig gewordene Ritter. Heute genießt man vor allem den Rundumblick auf die das Felskap flankierenden Buchten, das Meer und das Hinterland.

Agáthi-Bucht

| Strand |

Die auch bei rhodischen Familien beliebte Bucht nördlich der Féraklos-Festung ist dank dem gold schimmernden, puderweichen Sand und dem kristallklaren Wasser lange kein Geheimtipp mehr und somit im Juli und August äußerst stark frequentiert. Der auch Golden Sands genannte, flach ins Meer abfallende Strand ist besonders gut für Kinder geeignet. Snackbars stillen Durst und Hunger, eine Wassersportstation sorgt für Spaß und sportliche Aktivitäten. Im Norden lockt ein weiß getünchter Felsen zur Entdeckungstour. Er markiert den Eingang zur im 12./13. Jh. aus dem Fels geschlagenen Kapelle Agía Agáthi mit spärlichen Freskenresten, die zu den ältesten der Insel gehören.

Restaurants

€€–€€€ | **Árgo** Schöne Rundterrasse mit Säulen, einfallsreiche griechische und auch exotische Küche sowie frischer Fisch. ■ Südlich Ende der Promenade, Tel. 2244051410, www.argorestaurant.gr, tgl. ab 12 Uhr

18 Moní Kammýri

Einsames kleines Klosteridyll fernab des Urlaubsrummels

Das verlassene Kloster Kammýri wurde im Jahr 1181 erstmals schriftlich erwähnt und weilt friedlich in der einsamen Hügellandschaft 6 km westlich des Bauerndorfs Másari. Hoch über dem Flussbett des Gadourás scheint das dem Erzengel Michael geweihte Kloster mit den weiß getünchten Mauern dem Lauf der Zeit zu trotzen. Der Schlüssel für die meist verschlossene Klostertür hängt zweckmäßig und passend zu dem idyllischen Fleckchen gleich über dem Türgriff und sollte bei Verlassen des Klosters auch wieder zurück an seinen Platz!

Der von ein paar Mönchszellen, Speiseraum und Küche umsäumte, charmante Innenhof mit vielen Blumen, Bäumchen und Weinreben ist mit dem inseltypischen »chochlákia«-Mosaik ausgelegt. Die kleine weiße Kirche aus dem 15. Jh. scheint mit ihrer flachen Kuppel, die den breiten Tambour überspannt, über die idyllische Klosteranlage zu wachen. Im Kircheninneren sind nur spärliche Freskenreste aus dem 16. Jh. erhalten. Vor der im 19./ 20. Jh. auf Blech gemalten, überlebensgroßen Ikone des Erzengels Michael rechts der Apsis hängen Gläubige ihre Votivtäfelchen auf.

Im Blickpunkt

Genuss für jeden Geschmack

Auf Rhodos sorgen ganz verschiedene Lokale für tolle gastronomische Erlebnisse – charmante Strand- oder urige Dorftavernen, schicke Restaurants oder Beach-Bars, aber auch einfache Imbisse. Während man in der »tavérna« meist traditionelle griechische Küche, darunter Fleisch oder Fisch vom Holzkohlegrill und Hausmannskost mit viel geschmortem Gemüse serviert, geht es im etwas schickeren »estiatório« (Restaurant) und in noblen Beach-Bars kreativer oder gar internationaler zu. Die landestypischen »mezédes«, also Gerichte in kleinen Portionen, gibt es fast überall. Bei den Griechen kommen sie in die Mitte des Tisches, sodass jeder von allem etwas probieren kann. Frischer Fisch wird übrigens meist pro Kilo berechnet, also unbedingt vorher nach dem Preis fragen!

Übernachten

Während es in der Bettenhochburg Faliráki Hotels jeglicher Größe von einfach bis luxuriös gibt, geht es in den Pensionen und kleineren Hotels im Nachbarort Afándou ursprünglicher zu. Gute All-inclusive-Hotels, egal, ob nur für Erwachsene oder speziell für Familien, zählt der Ferienort Kolímbia. Individualreisende bevorzugen für den Badeurlaub eher die gut für Selbstverpfleger geeigneten Apartmenthäuser und Pensionen in Stégna bei Archángelos und in Charáki. Wer naturnahen Urlaub im Binnenland machen möchte, quartiert sich rund um den Profítis Ilías ein.

Faliráki 52

€ | Saint Amon Kleines, günstiges Hotel mit Wohlfühlflair, angeschlossenem Restaurant und deutschsprachigen Gastgebern, nah am Geschehen aber dennoch nicht mitten im Trubel. ■ Profítou Ámos, Faliráki, Tel. 22 41 08 54 30, www.saintamonhotel-faliraki.com

€–€€ | Anelia Gastfreundlich geführte, kleine Anlage mit Studios und Apartments für bis zu 4 Personen mit leckerem Frühstück in zentraler und trotzdem ruhiger Lage. ■ Athinás, Faliráki, Tel. 22 41 08 68 64, www.anelia-studios.com

€€–€€€ | La Marquise Luxury Resort Complex In der riesigen, eleganten Hotelanlage oberhalb der Hauptstraße gibt es Unterkünfte für jeden Geschmack: von Familiensuiten und Adults-only-Zimmern über Bungalows mit privatem Pool bis hin zu barrierefreien Zimmern. Herrliche Poollandschaft, Wellnessbereich, Mini- und Teenage-Club sowie gutes Essen. Frühbucherangebote! ■ Leofóros Kallithéas, Tel. 22 41 00 15 00, www.lamarquise.gr

€€€ | Elysium Resort & Spa Vor allem wegen der Lage direkt am Ammoúdes-Strand sehr beliebte Anlage im nördlichen Ortsteil von Faliráki. Im 800 m² großen Wellnessbereich kann man sich nach allen Regeln der Kunst verwöhnen lassen. Tennisplatz, schöne Poollandschaft und mehrere Restaurants. Frühbucherangebote! ■ Leofóros Kallithéas (Ammoúdes), Tel. 22 41 04 57 00, www.elysium.gr

Afándou 54

€ | Scala Von den Brüdern Christos und Vangelis sowie ihrer Mutter herzlich geführtes, kleines Hotel in ruhiger Lage mit geräumigen Zimmern und vielen Stammgästen. ■ Profíti Ilía 33, Afándou, Tel. 22 41 05 17 88, www.scalaaparts.gr

€–€€ | Karmik Sieben individuell gestaltete Zimmer, umgeben von viel Grün unter italienisch-britischer Leitung nahe der Inselrundstraße. Hausgemachtes Frühstück. ■ Ethnikí Odós Ródou-Líndou 181, Afándou, Tel. 69 43 71 88 29, www.karmikhotel.com

Kolímbia 56

€€ | Delfinia Resort Familienfreundliches Vier-Sterne-All-inclusive-Resort, freundlicher Service, leckeres Essen und gutes Preis-Leistungs-

Verhältnis. ■ Hauptstraße, Kolímbia, Tel. 22 41 05 66 01, www.delfiniaresort kolymbia.com

€€ | Kolymbia Bay Art Modern eingerichtetes 4-Sterne-Haus nur für Erwachsene mit familiärer Atmosphäre und ausgesprochen freundlichem Service in Strandnähe. In der Nebensaison lassen sich hier sehr gute Schnäppchen machen. ■ Berlin Street, Kolímbia, Tel. 22 41 05 62 68, www. kolymbia.gr

13 **€€€ | Mikrí Póli** Kinderfreundliches All-inclusive-Resort am Strand. Über 250 Familienzimmer, Pools, Kinderbecken und Wasserrutschen für Groß und Klein, Mini-Club und Animation für jedes Alter machen das Resort ideal für Familien mit Kindern. ■ St. Andreas, Kolímbia, Tel. 22 41 05 60 70, www.mikripoli rhodes.com

Profítis Ilías 59

€€ | Élafos Etwas in die Jahre gekommenes, rustikales Hotel im Chalet-Stil. Von den gediegenen Zimmern aus blickt man in den Wald. Fahrräder stehen Gästen kostenlos zur Verfügung. ■ Profítis Ilías, Tel. 22 46 02 22 80, www. elafoshotel.gr

Archángelos 62

€ | Bella Vista Herrlicher Panoramablick vom sehr gepflegten Haus in Hanglage; helle, geräumige Studios, umgeben von einem schönen Garten. Das Frühstück mit hausgemachten Marmeladen verspricht einen genussvollen Start in den Tag. ■ Am Hang über dem südlichen Ende der Bucht, Stegná, Tel. 69 72 72 57 66, www.bellavista stegna.gr

€ | Pantheon Deluxe Apartments Klimatisierte, saubere und komfortable Apartments, gut ausgestattet und gastfreundlich geführt, für 2–4 Personen. ■ Westlicher Teil der Hauptstraße, Archángelos, Tel. 22 44 02 90 10, www.pantheonapartments.gr

Charáki 63

€ | Alia Kleine Apartmentanlage mit Pool und zwei Whirlpools, besonders schön auch die neueren »Loft Suites« mit der Schlafempore in einem weiteren Gebäude, die Platz für bis zu 5 Personen bieten. ■ Charáki, Tel. 22 44 05 10 65, www.aliahotel.com

€ | Paul's Garden Liebevoll geführte Anlage nur 200 m vom Strand entfernt, geräumige Zimmer und gepflegter Garten mit BBQ und Blick über die Olivenhaine. ■ Links der Zufahrtsstraße, Charáki, Tel. 22 41 03 94 28, www.pauls garden.gr

In direkter Strandlage bietet das Elysium Resort & Spa in Faliráki Traumblicke

Líndos und der Süden – schön und wild

Rhodos' Bilderbuchort und eine wilde Landschaft mit stillen Dörfern, uralten Klöstern und langen Stränden

Das bildhübsche Líndos ist einer der bekanntesten Orte der Insel. Täglich bummeln unzählige Besucher zu Füßen des markanten Akropolis-Felsen durch die weiß getünchten Gassen und entfliehen der Hitze an einer der beiden die Landzunge umschließenden Buchten. Da Líndos zu den schicksten und somit teureren Pflastern von Rhodos gehört und für Rundreisende durch den autofreien Ortskern nur bedingt geeignet ist, quartieren sich viele Urlauber auch gern im Urlaubsort Péfki in der Nähe ein. Individualisten zieht es ein Stück weiter ins Hinterland, ins ursprüngliche Lárdos oder weiter in den Inselsüden nach Gennádi, Lachaniá oder Kattaviá. All diese Dörfer zeugen von urigem Flair, sind jedoch nah an langen, oft einsamen Stränden gelegen, sodass man nicht auf Badefreuden verzichten muss. All-inclusive-Urlaub macht man am besten in Kiotári.

Rhodos' schmaler Inselsüden wird überwiegend von einer gebirgigen, wilden und oft einsamen Landschaft geprägt. Einsamkeit und Ruhe versprechen ursprüngliche Dörfer im Binnenland wie etwa Asklipió, Messanagrós und Apolakkiá, Dörfer, die mit uralten Kirchen sogar interessante Attraktionen bereithalten. Absolute Highlights – nicht nur für Kirchenfans – sind die Klöster Thári und Skiádi, die in reizvollen Landschaften liegen und mit uralten Fresken begeistern. Verstreut liegende Kapellen nahe Apolakkiá, Stauseen und stille Dörfchen laden zu Spaziergängen ein. Am äußersten Südzipfel bildet die Sandlandschaft Prasonísi Rhodos' Surferparadies.

In diesem Kapitel:

ADAC Top Tipps:

ADAC Empfehlungen:

19 Líndos

Weiße Häuser, Badebuchten und ein imposanter Burgberg

Akropolis von Líndos: Reste einer monumentalen Säulenhalle aus dem 3./2. Jh. v. Chr.

Information

- Parken siehe S. 76

5 *Bilderbuchort im Schatten des Akropolis-Hügels*

Mit vielen kleinen Häusern in einem faszinierenden Labyrinth aus engen Gassen schmiegt sich Rhodos' Bilderbuchort an den Hang eines weithin sichtbaren Hügels, auf dessen Gipfel die antike Akropolis thront. Umgeben von zwei Buchten gilt das autofreie Líndos mit den malerischen Gassen als schönster Ort der Insel. Kein Wunder, dass das viel besuchte und in der Hauptsaison oft weit im Voraus ausgebuchte Örtchen viele stilvolle Boutique-Hotels und schicke Restaurants zählt. Wer Líndos nur für ein paar Stunden besucht, sollte die Mittagszeit möglichst nicht in den heißen Gassen verbringen. Am besten besucht man zu dieser Zeit eine der beiden Buchten vor der Kulisse der Akropolis. Nördlich des Orts erstreckt sich der Líndos Beach, wo das herrlich klare blaue Wasser sanft auf den flach abfallenden Sandstrand schwappt und viele Wassersportmöglichkeiten angeboten werden. Unbedingt lohnt ein Blick auf die Strände in der Ágios-Pávlos-Bucht (S. 75), die Líndos im Süden begrenzt.

Plan
S. 73

Wer genau hinsieht, kann in Líndos einen individuellen architektonischen Stil, den sogenannten lindischen Stil, erkennen, der byzantinische, ägäische, rhodische und arabische Stilelemente vermischt. Hauptsache, man verlässt hier und da die Hauptachse des Gassenlabyrinths, die Eingang A und B miteinander verbindet. Denn an der Gasse, die vom Hauptplatz (Kentrikí Platía) an der Station der Maultierführer vorbei quer durch den Ort und fast bis zur Ágios-Pávlos-Bucht führt, verbergen sich die sehenswerten Fassaden meist hinter hoch aufgetürmten Souvenirs und Reklamen von Restaurants und Cafés.

Dass Líndos schon zur Bronzezeit besiedelt wurde, beweisen Funde, die man im Archäologischen Museum in Rhodos-Stadt sieht (S. 24). In der Antike war das Örtchen mit den beiden Naturhäfen bis zur Gründung von Rhodos-Stadt im Jahr 408 v. Chr. wirtschaftliches Zentrum der Insel. Danach blieb es dank dem hoch verehrten Tempel auf der Akropolis bis ins 4. Jh. n. Chr. religiöser Mittelpunkt. Die Byzantiner nutzten den Akropolis-Hügel später als Befestigungsanlage; die Ritter bauten die Festung aus. Im Mittelalter gewann Líndos dann wieder an wirtschaftlicher Bedeutung. Die beiden Häfen und das fruchtbare Umland machten den Ort zum wohlhabenden Seefahrerdorf, was bis heute an den oft als Cafés, Restaurants und Unterkünften genutzten Kapitänshäusern aus dem 17. Jh. zu erkennen ist. Die Seefahrer verließen Líndos im 18. Jh. Ihre Häuser wurden erst vor einigen Jahren aufwendig restauriert.

Sehenswert

1 Akropolis von Líndos

| Archäologische Stätte |

14 *Zwischen antiken Tempelruinen dem Himmel ganz nah*

Seit über 3000 Jahren thront die Akropolis von Líndos auf dem 116 m hohen Gipfel über dem Ort. Die Hellenen bauten dort bereits an der Wende zum 1. Jt. v. Chr. den ersten Tempel für ihre Göttin Athena Lindia. Als Líndos im 6. Jh. v. Chr. unter dem guten Tyrannen Kleóboulos seine Blütezeit erlebte, wurde der hölzerne Tempel durch ei-

ADAC Mobil

Um Besuchern den **Aufstieg zur Akropolis** zu erleichtern, stehen nahe dem Hauptplatz, der Kentrikí Platía, **Maultiere** und **Esel** bereit. Sie bringen Groß und Klein in etwa zehn Minuten auf den Hügel, wobei sie sich über Leichtgewichte besonders freuen. Wer möchte, kann mit den Tieren auch wieder hinunter. Da der Rückweg zu Fuß etwa in gleicher Zeit zu bewältigen ist, lohnt der Abstieg per pedes. Die einfache Strecke mit Esel/Maultier kostet 6 €. Zum Wohl der Tiere sollte man an besonders heißen Tagen auf den Ritt verzichten.

nen steinernen ersetzt. Wie der Tempel zuvor fiel auch dieser einem Brand zum Opfer. Neu angelegt wurden die Bauten auf dem Gipfelplateau dann wieder 342 v. Chr. Die über Treppen verbundenen Terrassen wurden mit Marmor- und Elfenbeinelementen, wertvollen Statuen aus vergoldetem Holz und prächtigen Säulenhallen geschmückt. Als im 4. Jh. die Verehrung antiker Götter zugunsten des christlichen Glaubens verboten wurde, schloss Rhodos' bedeutendstes Heiligtum. Rund 1000 Jahre danach errichteten die Byzantiner eine Festung und eine Kirche auf dem Hügel. Die Johanniter bauten sie später aus.

Auf der ersten Ebene der Akropolis sind gleich hinter dem Eingang die Ruinen von drei Zisternen, einem Turm aus byzantinischer Zeit und einer halbrunden Sitzbank (Exedra) zu sehen. In der Steilwand zeigt ein zu Ehren des Admirals Hagesandros in den Fels geschlagenes Relief aus dem 2. Jh v. Chr. ein Schiff mit geschwungenem Hecksteven. Die Treppe steigt von dort steil an und führt an den Resten älterer Treppenbauten vorbei zum Torturm der Johanniterfestung aus dem 14./15. Jh. Durch den Torgang, in dem Bautrümmer aus verschiedenen Jahrhunderten liegen, erreicht man das von hohen, zinnenbekrönten Burgmauern eingegrenzte Gipfelplateau. Linker Hand steht die dreischiffige Kreuzkuppelkirche Ágios Ioánnis aus dem 13. Jh. Auf dem untersten Hof links hinter der Kirche legten die Pilger in der Antike ihre Opfergaben nieder. Eine Freitreppe zwischen Gewölben aus dem 1. Jh. v. Chr. führt von dort auf die nächste Ebene mit der originalgetreu rekonstruierten, monumentalen Stoa, die auf den Tempel der Athena Lindia ausgerichtet ist. Die Säulenhalle aus dem 3./2. Jh. v. Chr. war einst über 80 m breit und zählte 42 dorische Säulen. Älter als die Stoa ist die 21 m breite Freitreppe, die zu den spärlichen Resten der Propyläen, den Torbauten aus dem 3. Jh. v. Chr., auf der obersten Terrasse führt. Zwischen den Grundmauern der Säulenhalle geht es weiter zum wichtigsten Bau der Akropolis, dem 22 m langen und 8 m breiten Tempel von 342 v. Chr. Rund um den Kultraum erheben sich vier dorische Säulen, die einst eine Marmorstatue der Göttin Athena Lindia umgaben. Ein Altar davor diente der Darbringung der Opfergaben. Der Tempel beeindruckt besonders mit der Lage direkt über dem Steilabbruch der Küste. Der Blick auf das Meer und die von hier oben herzförmig erscheinende Ágios-Pávlos-Bucht ist atemberaubend.

■ Mitte April–Okt. tgl. 8–19.40, Nov.–Mitte April Mi–Mo 8.30–15.30 Uhr, Eintritt 12 €, erm. 6 €, Kinder frei

2 Panagía-Kirche

| Kirche |

Die Hauptkirche von Líndos begeistert schon von außen mit ihrem fünfgeschossigen Glockenturm. Im Inneren der Marienkirche aus dem 14. Jh. faszinieren hingegen die sehr gut erhaltenen Fresken von 1779, sie bedecken die Wände bis hinauf ins Tonnengewölbe. Von der Kuppel blickt Christus als Pantokrator herab. Die Fresken an den Längswänden sind in Bildstreifen unterteilt. Im Tonnengewölbe thematisieren sie die Erschaffung der Welt und die Schöpfungsgeschichte. Es folgen Szenen aus dem Neuen Testament und darunter Fresken, die einen Lobgesang auf die Muttergottes aus dem 6. Jh. illustrieren. Der unterste Bildstreifen präsentiert mehrere Heilige. Eine Besonderheit zeigt die reich verzierte, vergoldete Ikonostase aus dem 17. Jh. Dort ist die »Wurzel Jesse« als Stamm- und Lebensbaum abgebildet. An das Gotteshaus ist ein kleines Sakralmuseum angeschlossen. Es beherbergt eine Sammlung zur Geschichte von Líndos und zeigt Bibeln, Schriften und Ikonen aus dem 17. bis 19. Jh.

■ Hauptgasse, Kirche Mo–Sa 9–17, So 9–15, Museum tgl. 9–15 Uhr, 2 €, www.lindos museum.gr

3 Ágios Geórgios Chostós

| Kirche |

Die weiß getünchte Kapelle, die dem hl. Georg geweiht ist, ist die älteste Kirche von Líndos. Ist sie geöffnet,

Im Blickpunkt

Líndos' Kapitänshäuser

Die im 17. bis 19. Jh. von vielen wohlhabenden Kapitänen und Kaufleuten errichteten Kapitänshäuser reihen sich in Líndos' Gassen aneinander. Erkennbar sind die architektonischen Schmuckstücke bereits von außen an den hohen Mauern und an den mit Reliefs geschmückten Natursteinfassaden. Hinter dem Portal, über dem oft das Kapitänszimmer untergebracht ist, öffnet sich häufig ein mit »Chochlákia«-Mosaik ausgelegter Innenhof. Gegenüber erhebt sich die meist mit Reliefs byzantinischer Doppeladler und Kreuze, arabischer Ornamentik oder geflochtener Schiffsseile geschmückte Hausfassade. Hinter der Eingangstür steht man gleich im Haupt- und Empfangsraum, der »sála«, in der auf einer Holzempore auch der Schlafbereich zu sehen ist. Die Holzdecke ist meist bemalt, die Wände mit den typischen farbenfrohen lindischen Tellern geschmückt.

sieht man in dem von einer Kuppel mit hohem Tambour bekrönten Kreuzkuppelbau anstelle der Ikonostase eine Schranke aus Marmor.

■ Östlich der Panagía-Kirche

4 Archontikó Papakonstantí

| Architektur |

Das Herrenhaus des Papankonstantí ist eines der bedeutendsten Kapitänshäuser des Ortes. Das im Jahr 1626 erbaute Haus wird durch den von hohen Mauern umgebenen Innenhof betreten. Der Boden ist sowohl im Hof als auch im Haus mit dem inseltypischen »Chochlákia«-Mosaik ausgelegt. Das etwas erhöht liegende Haus präsentiert hervorragend die typische Architektur. Farbenfrohe lindische Teller schmücken die Wände.

■ Parallelgasse zur Hauptstraße (nahe dem antiken Theater), nur sporadisch geöffnet, Eintritt frei

5 Tetrástoon

| Ruine |

Die Grundmauerreste eines auf allen vier Seiten von Säulen umgebenen Heiligtums stammen aus hellenistischer Zeit. Forscher vermuten, dass das Gebäude einst dem Weingott Dionysos oder dem Gott des Lichts und der Heilkunst, Apollon, geweiht war. An der Ostseite des Tetrástoons sieht man einige wenige Fragmente einer frühchristlichen Kirche.

■ Platía Agíou Stefánou (südl. Ortsrand)

6 Antikes Theater

| Ruine |

Am Fuße der Akropolis wurde im 4. Jh. v. Chr. das heute umzäunte antike Theater aus dem Felsen gehauen. Auf seinen steinernen Sitzen bot es einst Platz für fast 2000 Zuschauer. Erhalten

Blickfang im Ortsbild von Líndos: Panagía-Kirche mit dem markanten Glockenturm

ist noch der mittlere Teil der einst in neun Segmente geteilten Sitzreihen. Die zahlreichen Plätze lassen darauf schließen, dass Líndos in der Antike weit mehr Bewohner hatte als heute.

■ Platía Agíou Stefánou (südl. Ortsrand)

7 Ágios-Pávlos-Bucht

| Strand |

15 *Strand im Schatten der Akropolis und überragt von einer Kapelle*

Die Bucht, die Líndos im Süden begrenzt, ist das Postkartenidyll schlechthin. Im Schatten der Akropolis öffnet sich die wunderschöne Bucht, die schon lange kein Geheimtipp mehr ist, mit ihren zwei Sand-Kies-Stränden. Die runde Bucht mit dem in allen erdenklichen Blau- und Türkistönen schimmernden Wasser wird fast vollständig von Felsen umrahmt. Sie ist nur durch eine schmale Öffnung mit dem offenen Meer verbunden und beliebter Ankerplatz von Segel- und Motorbooten. Schwimmer gelangen durch eine Öffnung zwischen den Felsen zu Grotten auf der anderen Seite. Malerisch liegt über dem südlichen Strand der Bucht die weiß getünchte Kapelle Ágios Pávlos. Die wegen ihrer Traumlage besonders gern für Hochzeiten genutzte Kapelle erinnert an den Besuch des Apostels Paulus. Dieser soll die Insel Rhodos im 1. Jh. besucht haben, um das Christentum zu verbreiten.

Verkehrsmittel

Busse verbinden täglich zwischen 6.15 und ca. 21 Uhr vormittags halbstündlich und nachmittags stündlich Rhodos-Stadt mit Líndos (einfache Fahrt 5,50 €). Die Busse halten an der Kentrikí Platía, dem Hauptplatz von Líndos. **Taxis** stehen ebenfalls an der Kentrikí Platía, dem Hauptplatz, bereit.

Plan S. 73

Ágios-Pávlos-Bucht: Baden mit Blick auf die Akropolis von Líndos

Parken

Da Líndos autofrei ist, müssen alle, die mit dem Mietwagen anreisen, außerhalb des Orts parken. Betreten kann man Líndos über die ausgeschilderten Eingänge A, B und C. An Eingang A darf man nicht parken. Dieser Eingang am Hauptplatz, der Kentrikí Platía (auch Platía Eleftherías), ist Taxis und Bussen vorbehalten. Am besten parkt man daher an der Umgehungsstraße, um zum Eingang A zu gelangen, oder nahe den Eingängen B und C. Die wenigen Parkplätze in direkter Nähe zu Eingang C sind kostenpflichtig, mit 5 €/Tag (Auto) und 3 €/Tag (Roller) aber erschwinglich.

Restaurants

€€ | **Tambakio** Sowohl tagsüber als auch abends ist die Beach-Bar/Restaurant mit griechischer und mediterraner Küche und Blick auf den Akropolis-Felsen ganz besonders romantisch. ■ Ágios-Pávlos-Bucht, Tel. 22 44 03 30 00, www.tambakio.gr, Plan S. 73 südlich b3

16 €€–€€€ | **Ambrosía** Kleines, charmant geführtes Restaurant. Die mediterranen Gerichte und griechischen Klassiker, kombiniert mit hervorragenden Weinen, versprechen Genuss pur. Reservierung empfehlenswert. ■ Unteres Ende der Gasse zur Akropolis, Tel. 22 44 03 18 04, tgl. 11.30–15.30 und 18–23 Uhr, Plan S. 73 b2

€€–€€€ | **Olive Street** Einzigartiges Flair in einer 300 Jahre alten Ölfabrik. Terrasse mit Blick auf die Akropolis, dazu eine klein gehaltene, feine Karte. ■ Von der Hauptstraße abzweigende Gasse, Tel. 22 44 03 20 91, www.olivestreet.gr, tgl. ab 11 Uhr, Plan S. 73 a2

Cafés

Gelo Blu Inselweit bekanntes Eiscafé mit köstlichem hausgemachtem Eis, Kaffee und Kuchen. ■ Gasse östlich der Marienkirche, Tel. 22 44 03 15 60, tgl. ab 9 Uhr, Plan S.73 b2

Village Café Schnuckeliges Café mitten im Ort mit einem schattigen Innenhof, ideal zum Frühstücken oder einfach für eine Pause. ■ Gasse nordöstlich der Marienkirche, www.villagecafe lindos.com, Mo–Sa 8–18.30, So 8–17.30 Uhr, Plan S. 73 b1

Einkaufen

Blue Eye Die kleine Boutique führt moderne Damenmode, Schuhe und Accessoires griechischer Designer zu akzeptablen Preisen ■ Hauptgasse, Tel. 2244031040, Plan S. 73 b2

Kori Hochwertige, teils von der Inhaberin selbst, teil von anderen griechischen Kunsthandwerkern gefertigte Andenken und Schmuck, modern und originell, aber auch traditionell. ■ Hauptgasse, Tel. 2244114034, www.korilindos.com, Plan S. 73 b2

Kneipen, Bars und Clubs

Captain's House Bar Uriges Flair im Hof eines traditionellen Kapitänshauses aus dem 16. Jh., egal, ob tagsüber zum Kaffee oder abends zum Cocktail. ■ Gasse zur Akropolis, Tel. 2244031235, tgl. ab 8 Uhr, Plan S. 73 b2

Líndos by Night Bar Auf drei Etagen, ganz oben Open-Air-Terrasse mit Akropolis-Blick. ■ Gasse hinter der Post, Tel. 2244031463, www.lindosbynight.com, tgl. ab 18 Uhr, Plan S. 73 b2

Kinder

Eselsritt Besichtigungen archäologischer Stätten sind für Kinder oftmals langweilig. Locken kann man sie zur Besichtigung der Akropolis vielleicht mit dem Aufstieg auf dem Rücken eines Esels (siehe »ADAC Mobil«, S. 72).

Erlebnisse

NextPortAway Tagestour (10–18 Uhr) mit dem Segelboot »Yin Yang« inklusive Bade- bzw. Schnorchelstopps für max. 10 Personen. ■ Líndos-Beach, Tel. 6989851315, www.nextportaway.com, Plan S. 73 nördl. b1

In der Umgebung

Grab des Kleóboulos

| Ruine |

Etwa 45 Minuten dauert die Wanderung auf der kargen Halbinsel im Norden der Líndos-Bucht bis zum Grab des Kleóboulos. Zu dem überwölbten Rundbau aus dem 2./1. Jh. v. Chr. führt ein Pfad entlang der Küste mit tollem Blick auf die Bucht und die Akropolis. Das antike Grab von rund 9 m Durchmesser wurde aus Steinquadern erbaut, die ohne Mörtel aufeinandergeschichtet sind. Das Dach ist eingestürzt.

Mit dem »Eseltaxi« geht es ganz bequem hinauf auf die Akropolis von Líndos

Für alle, die Sonne, Meer und Strand suchen, ist der Badeort Péfki perfekt

20 Péfki (Péfkos)

Beliebter Urlaubsort mit Strandvielfalt für die ganze Familie

Der Ferienort mit mehreren Stränden ist eine gute Wahl für alle, die den Urlaub in guter Lage im Süden verbringen wollen oder in Líndos keine (bezahlbare) Unterkunft finden und auf einen lebhaften Ort in der Nähe ausweichen wollen. Der weitläufige Ort, der seinen Namen den vielen Kiefern (gr. »péfko«) auf den umliegenden Hügeln verdankt, überzeugt Badefreunde mit flach abfallenden, sandigen Stränden, Nachtschwärmer mit Bars und Diskotheken und Ruhesuchende mit Unterkünften am kahlen Hang oberhalb des Orts. Attraktionen gibt es nicht. Der von Felsen begrenzte Strand Ágios Thomás ist gut zum Schnorcheln geeignet.

Restaurants

€–€€ | **Nikólas** Der Blick von der Terrasse auf die Bucht ist zum Sonnenuntergang besonders schön. Dazu gibt es aromatisch gewürzte griechische und internationale Gerichte. ■ Südlich der Platía, Tel. 22 44 04 83 94, tgl. ab 18 Uhr

Sport

Lepia Dive Center Tauchkurse nach PADI und faszinierende Tauchgänge zu Riffen, Höhlen oder einem Schiffswrack. ■ Südlicher Ortsteil, Tel. 69 37 41 79 70, www.lepiadive.com

21 Lárdos

Urlaub mit authentischem Flair und Ausflüge in die Natur

Etwa 2 km landeinwärts von Strand und Meer zeugt Lárdos trotz der Küstennähe von weitgehend ländlicher Atmosphäre. Treffpunkt der Einheimischen und im Sommer auch vieler Individualreisender ist die geschäftige, von Tavernen und Cafés gesäumte Platía. Stammgäste wissen das unkonventionelle Flair zu schätzen. Ausflüge führen zum Kloster Ipsenís, zum Folklore-Museum und zum Staudamm Gadourá. Am Lárdos Beach haben sich inzwischen viele Hotels, Supermärkte und Tavernen angesiedelt. Der Strand fällt recht steil ins Meer ab und ist somit gut für Schwimmer, weniger für Familien mit Kleinkindern geeignet.

Sehenswert

Folkloremuseum
| Museum |
Eigentümer Panagiótis Loukarás erzählt begeistert vom Leben in den Dörfern in alten Zeiten, bevor der Tourismus Einzug hielt. Möbel, Trachten, Instrumente, landwirtschaftliches Gerät sowie die Hinterlassenschaften von Deutschen und Italienern aus dem Zweiten Weltkrieg bilden die Kulisse. ■ An der Straße nach Péfki, Tel. 69 46 81 88 76, tgl. 9.30–17, Nebensaison 9–15 Uhr, Eintritt 5 €

Restaurants

€–€€ | Mólos Für die Lage an der Inselrundstraße entschädigen hervorragende »mezédes«, frischer Fisch und freundlicher Service. ■ Limanáki Lárdou (3,5 km südlich von Lárdos an der Inselrundstraße), Tel. 22 44 04 43 84, tgl. ab 12 Uhr

€–€€ | Roúlas Die große Speisekarte in der Taverne mit herzlicher Atmosphäre verspricht nicht nur allerlei leckere griechische Kost sondern auch internationale Gerichte von Spareribs bis hin zur Pizza. ■ Ortszentrum, Tel. 22 44 04 43 00, tgl. ab 17.30 Uhr

Kinder

Hellas Mini Golf Minigolf-Platz mit 18 Bahnen, auch am kühleren Abend geöffnet. ■ An der Straße nach Péfki, Tel. 22 44 04 43 22, www.minigolf.gr, im Sommer tgl. 10–24 Uhr

Lardos Go Karts Auf der etwas in die Jahre gekommenen Go-Kart-Bahn darf die ganze Familie fahren. ■ An der Straße zum Lárdos Beach, Tel. 224 40 47 00, im Sommer tgl. 9-24 Uhr

Sport

Water Sports Action Allerlei Funsport, Parasailing, Jetski und Bootsverleih (bis zu 30 PS auch ohne Führerschein leihbar). ■ Lárdos Beach, Tel. 69 93 09 11 01 (mobil), www.watersports-rodos.com

Ideal zum Wandern oder für ein Picknick: Gadourá-Stausee nördlich von Lárdos

In der Umgebung

Moní Panagías Ipsenís
| Kloster |
Das 1855 erbaute Nonnenkloster lockt mit Ruhe und Beschaulichkeit. Im Schatten eines neuen Gotteshauses weilt das weiß getünchte Kloster mit der Natursteinkirche zwischen Orangenfeldern, Oliven und Kiefern. Eine als wundertätig geltende Marienikone zieht Pilger an. Lohnenswert ist wegen der Aussicht der Aufstieg entlang der Kreuzwegstationen auf den benachbarten Hügel mit einem großen Kreuz.
■ 3,5 km nordwestlich von Lárdos, Sommer tgl. 9–13.30 und 17–20.30, Winter 9–13.30 und 16–19 Uhr

Staudamm Gadourá
| Naturerlebnis |
Wie man das Problem der Wasserarmut auf Rhodos zu lösen versucht und wie das kostbare Nass gespeichert wird, können Interessierte und Naturliebhaber gut am Staudamm Gadourá sehen. Er ist erst seit wenigen Jahren in Betrieb und soll die Wasserversorgung der Ostküste bis nach Rhodos-Stadt unterstützen. Der 67 Mio. m³ Wasser fassende Stausee, der etwa 12 km nördlich von Lárdos liegt, ist ein herrliches Gebiet zum Wandern und Picknicken. Wer lieber mit dem Auto unterwegs ist, kann ein langes Stück der größtenteils asphaltierten Straße um den Damm auch befahren.

22 Moní Thári

6 *Kloster mit eindrucksvollem Bilderschatz in einsamer Landschaft*

Das dem Erzengel Michael geweihte Kloster in reizvoller Waldlandschaft ist eines der schönsten und meistbesuchten von Rhodos. Den Namen verdankt der in byzantinischer Zeit gegründete

Inmitten von Pinienwäldern liegt das idyllische Mönchskloster Moní Thári

Konvent, der im 20. Jh. lange im Dornröschenschlaf schlummerte und erst seit 1989 wieder bewohnt wird, seiner Gründungsgeschichte. Demnach soll im 6. oder 7. Jh. eine erkrankte byzantinische Prinzessin nach Rhodos gekommen sein, um hier ihren Lebensabend zu verbringen. Im Traum erschien ihr der Erzengel Michael und sagte »Échis thári!« (»Habe Mut!«). Die Prinzessin wurde gesund und baute dem Erzengel eine Kirche. Heute wird der Konvent von weltoffenen Mönchen bewohnt, die nicht nur für eine gepflegte Anlage sorgen, sondern auch in anderen Bereichen aktiv sind, Seminare organisieren und in sozialen Medien einen TV-Sender betreiben. Das Kloster wird über einen großen Hof betreten, der von mosaikengeschmückten Brunnen geziert wird.

Sehenswert

Klosterkirche

| Kirche |

Juwel der Anlage ist die unverputzte Natursteinkirche mit ziegelgedeckter Kuppel und einem Mauerwerk, das verschiedene Bauphasen erkennen lässt. Die Grundmauern lassen sich auf das 9. Jh. datieren, der Altarraum auf das 12. Jh., die Kirchenkuppel auf das 14. Jh. und das Tonnengewölbe auf die Zeit um 1700. Die prächtigen Fresken gehen auf die Jahre 1506 und 1620 zurück. In der Kuppel ist Christus als Pantokrator (Weltenherrscher), umgeben von den 16 Propheten, abgebildet. In den Zwickeln sind die Evangelisten, darunter die Erzengel zu sehen. Die Bilder im Hauptschiff berichten vom Leben Christi und stellen verschiedene Heilige dar. Das Alte Testament thematisieren die kurzen Kreuzarme. Während rechts Ereignisse wie der brennende Dornenbusch gezeigt werden, sieht man links Stationen aus dem Leben Marias. Besondere Beachtung verdient die Darstellung des thronenden Christus und die nur als Symbole dargestellten, ihn flankierenden Evangelisten im Altarraum.

■ Tgl. 8 Uhr bis Sonnenuntergang, Eintritt frei, kleine Spende erwünscht

Gefällt Ihnen das?

Auf der Suche nach Klosteridylle pur? Ein weiteres Kloster, das Ruhesuchenden den passenden Rahmen für ein wenig Besinnung bietet, ist die **Moní Skiádi** (S. 89). Einsamer ist es an der **Moní Kammýri** (S. 65) oder am Kirchlein **Ágios Geórgios Kálamos** (S. 91) in der Nähe von Apolakkiá.

Sport

Elpida Ranch Reitausflüge, Reiterferien und Fahrten mit dem Pferdewagen. Kinder ab 12 Jahren dürfen in Begleitung der Eltern bogenschießen. ■ Zw. Láerma und Kloster Thári ausgeschildert, Tel. 6948132977, www.elpidaranch.eu

ADAC Mobil

Die meisten Urlauber fahren von der Inselrundstraße über Lárdos und Láerma zum Kloster Moní Thári. Um Zeit zu sparen, kann man zumindest für die Rückfahrt an die Küste auch gut die kaum befahrene Straße vom Kloster nach Asklipió nutzen. Diese Strecke ist kürzer und führt durch einsame Hügellandschaft.

23 Asklipió

Uriges Dorf in Hanglage, wunderschöne Kirche und Reste einer Burg

Das Leben im Binnendorf Asklipió nimmt trotz zwei besuchenswerter Attraktionen weiterhin seinen ursprünglichen Lauf. Einzig die beiden Tavernen rund um die Platía, auf der die Kirche Kímissis tis Theotókou steht, bezeugen den Tourismus. Auf der Suche nach schönen Ausblicken wird man auf einem Hügel hoch über dem Platz fündig. Von der dortigen Johanniterburg aus dem 15. Jh. sind Mauern und zwei Rundtürme erhalten. Die sich über das breite Tal zum Meer hin öffnende Aussicht ist hinreißend.

Sehenswert

Kímissis tis Theotókou

| Kirche |

Die Kirche der Mariä Entschlafung ist nicht nur dank ihrer inselweit einzigartigen Architektur eine der schönsten von Rhodos. Der Natursteinbau mit Tonnen- und Kreuzrippengewölbe, halbrunden Giebeln und Kuppel beeindruckt auch mit prächtigen Fresken im Innenraum. Das wohl im 11. Jh. geweihte Gotteshaus mit kreuzförmigem Grundriss wurde im 17. Jh. um zwei Seitenschiffe erweitert und mit Wandmalereien geschmückt. Wie in griechisch-orthodoxen Kirchen üblich, ist in der Kuppel Christus als Pantokrator (Weltenherrscher) abgebildet; in der Apsis thront die Muttergottes mit dem Jesuskind. Darunter sieht man die Apostelkommunion, im untersten Bereich Kirchenväter. Äußerst lebensecht wirken die Malereien im Hauptschiff, die Szenen aus dem Alten Testament abbilden. Außerdem wird dort aus dem Leben Christi berichtet. Im linken Seitenschiff werden neben den Propheten die Wundertaten und Leiden Christi gezeigt. Außergewöhnlich ist das rechte Seitenschiff mit der nur selten abgebildeten Apokalypse. Das angeschlossene Sakralmuseum präsentiert liturgische Geräte, uralte Schriften, Ikonen und Gewänder aus dem 16. bis 19. Jh. Im Hinterhaus werden landwirtschaftliche Geräte, Möbel und eine Olivenpresse ausgestellt.

■ Platía, www.asklipieio-church.com, Mo–Sa 9–19, So 10.30–14 Uhr

Restaurants

€ | **Nikólas** Einfache Familientaverne mit griechischen Gerichten zu angemessenen Preisen. Unbedingt probieren: gefüllte Weinblätter (»dolmádes«) und Gemüsepuffer (»pitaroúdia«). ■ Platía, Tel. 22 44 04 70 16

ADAC Wussten Sie schon?

Während einige Heilige in griechisch-orthodoxen Kirchen ständig abgebildet werden, sind andere nur selten zu sehen. Eine Rarität ist der in der Kirche Kímissis tis Theotókou in Asklipió dargestellte, auf einem Löwen reitende **hl. Mámas**, Beschützer der Hirten und Patron der Steuerberater, im Kreuzarm links der Apsis. Der Hirte Mámas lebte, um sich der Steuerschuld zu entziehen, als Einsiedler und wurde verhaftet. Auf dem Weg zum Gericht traf er einen Löwen, rief ihn zu sich und ritt auf seinem Rücken zum Richter. Beeindruckt von dem Spektakel, garantierte ihm der Richter Steuerfreiheit.

Erlebnisse

Donkey Cruise Die geführten 2- oder 3,5-Std.-Touren auf dem Rücken eines Esels oder zu Fuß machen nicht nur Naturfreunden und Kindern Spaß – auch als Tour mit Übernachtung im Zelt buchbar. ■ Asklipió, Tel. 6946439155, www.donkeycruise.com

24 Kiotári

Lange Strände, luxuriöse Großhotels und umfangreiches Freizeitangebot

Kiotári, einst Fischerort, hat sich zum populären Urlaubsort gewandelt. Heute liegen die Großhotels dort dicht an dicht. Die Gäste der oft recht pompös anmutenden und doch passend in die Landschaft eingebetteten Anlagen wissen das All-inclusive-Angebot zu schätzen. Für lückenloses Freizeitprogramm sorgen Animation und Wassersport am kilometerlangen und bis zu 40 m breiten Sand-Kies-Strand. Wer einsamere Momente bevorzugt, sucht die kleineren Strände zwischen den Felskaps nördlich des kleinen Fischhafens oder ein Stück weiter südlich auf.

Sehenswert

Metamórfosis tou Sotíros
| Kirche |
Die Kapelle aus dem 15. Jh. birgt unter dem Tonnengewölbe Halbsäulen mit korinthischen Kapitellen sowie andere antike Marmorteile und Bauelemente von Tempeln und einer Kirche aus frühchristlicher Zeit. Zur Innenausstattung gehört eine Marienikone. Die Gottesmutter mit massivem silbernen Heiligenschein hält das Jesuskind.
■ Nahe dem Hafen

Attraktion von Kiotári sind die kilometerlangen, familienfreundlichen Strände

Restaurants

€€ | Stéfano's Blick auf das Meer, dazu frischer Fisch vom Holzkohlegrill. ■ Uferstraße, Tel. 2244047339, www.stefanoskiotari.com, tgl. ab 11 Uhr

€€–€€€ | Mourélla Terrassenrestaurant, mediterrane Gerichte, ausgewählte Weine und gute Cocktails. ■ Uferstraße, Tel. 2244047324, Mo, Di, Do–Sa 12–15 und 19–23, Mi 19–23, So 13–22 Uhr

Erlebnisse

Beach Bums Wassersportstation und Bootsverleih. ■ Am Strand, www.beachbumsrhodes.com

Kneipen, Bars und Clubs

Lythos Chillige Musik, sehr gute Cocktails mit Blick auf das Meer. ■ Uferstraße, Tel. 2244047424

Gennádi bietet seinen Besuchern noch viel authentisches griechisches Flair

25 Gennádi

Quartier für Individualreisende mit ländlicher Atmosphäre

Das oberhalb der Inselrundstraße gelegene, lebendige Binnendorf hat es geschafft, ländliches Flair mit Tourismus in Einklang zu bringen. In Gennádi wohnen Urlauber unter Einheimischen, meist in Apartments oder Ferienhäusern. Ein Spaziergang im größten Ort des Inselsüdens lohnt zur Dorfkirche Ágios Ioánnis Theológos aus dem 19. Jh. Auf dem Kirchhof laden Bänke mit Blick in die Landschaft zur Rast ein. Sonnenhungrige und Wasserratten kommen am 6 km langen Sand-Kies-Strand mit Sonnenschirm- und Liegestuhlverleih und vielen menschenleeren Ecken auf ihre Kosten. Mittags zeigt sich Gennádi von seiner ruhigen Seite. Dann wird auch in den meisten Lokalen Siesta gehalten.

ADAC Mittendrin

Ursprünglichkeit, Gastfreundlichkeit und Gaumenfreuden auf einmal? In **Váti,** rund 7 km landeinwärts, ist das kein Problem. Der verschlafene Weiler erwartet die wenigen Fremden, die sich hierher verirren, mit einer urigen Platía (Dorfplatz) und der Taverne Plátanos. Wirt Kostas sorgt dort mit authentischen Gerichten für kulinarische Hochgenüsse.
Dorfplatz, Váti, Tel. 6972275471 (mobil), Mo–Fr ab 14, Sa, So ab 9 Uhr

Restaurants

€–€€ | Sergio's Originell und farbenfroh gestaltetes Restaurant mit stimmungsvoller Terrasse. Serviert werden griechische Gerichte, Pizza und Pasta. Im Sommer freitags Live-Musik. ■ Ortskern, Tel. 2244043401, tgl. ab 18 Uhr

€–€€ | Thálassa Einfache Strandtaverne mit Liegestuhlverleih, gut geeignet, um gleich am Strand den Hunger zu stillen. ■ Am Strand, Tel. 6981089551 (mobil), tgl. ab 11 Uhr

Kneipen, Bars und Clubs

The Lab Stylishe Bar mit einem Hauch von Retro und einer großen Auswahl an guten Cocktails und leckeren Drinks. ■ Ortskern, Tel. 2244043410, tgl. 7–3 Uhr

26 Lachaniá

17 *Charmantes Dorfidyll mit nordeuropäischem Einfluss*

Das kleine Dorfidyll, das sich über Hügel und ein Flusstal zerstreut, bezaubert mit traditionellem Charme und alter Bausubstanz und gilt als eines der schönsten Dörfer von Rhodos. Mitte der 1980er-Jahre kauften zahlreiche Mittel- und Nordeuropäer hier viele zu verfallen drohende Häuser und restaurierten sie liebevoll. Die neuen Bewohner hauchen Lachaniá, das 3 km vom Meer entfernt liegt, im Sommer Leben ein. Die weiß getünchten Häuser mit den bunt gestrichenen Türen und steinernen Portalen prägen das Ortsbild ebenso wie die leuchtenden rote und rosa Farbtupfer setzenden Bougainvilleen. Treffpunkt ist die hübsche Platía mit uralter Platane, plätscherndem Brunnen, einer Taverne und der Dorfkirche Ágios Geórgios.

Sehenswert

Ágios Geórgios
| Kirche |
Die weiß getünchte Kirche mit dem barocken Glockenturm wurde im Jahr 1848 gebaut. Der Fußboden des Gotteshauses ist mit dem inseltypischen »Chochlákia«-Mosaik ausgelegt. Viel älter als die Kirche ist das in den

Den Dorfplatz von Lachaniá säumt die Kirche Ágios Geórgios

Boden eingelassene Taufbecken aus frühchristlicher Zeit, das sich im Kirchenhof befindet.

Restaurants

€ | **Plátanos** Familiäre Dorftaverne, in der noch wie bei Muttern gekocht wird. ■ Platía, Tel. 69 44 19 99 91 (mobil), www.lachaniaplatanostaverna.com, Mo–Sa ab 9 Uhr

Kneipen, Bars und Clubs

Mojito Bunte Tische, Hängematten zwischen Tamarisken und Sonnenschirme aus Palmwedeln sorgen am Kieselsteinstrand für exotisches Flair. Abends fasziniert der Blick durch Teleskope in den Sternenhimmel. ■ 3 km nördlich Richtung Gennádi, Tel. 69 57 67 26 82, www.mojitobeachrooms.gr

In Prasonísi, Rhodos' südlichstem Zipfel, tummeln sich zahlreiche Surfer

In der Umgebung

Plimmíri
| Ortsbild |
Trotz einer großen Klubanlage oberhalb der Bucht wirkt Plimmíri weitgehend unberührt, und am langen Sand-Kies-Strand, der die Hafenbucht säumt, ist noch viel Platz. Für das leibliche Wohl sorgt die einzige Taverne nahe der Betonmole, an der vertäute Fischerboote für ein wenig Farbe sorgen. Hinter der Taverne steht die Kirche des verlassenen Klosters Zoodóchou Pigís aus dem 19. Jh. Interessant sind die für ihren Bau verwendeten Bauelemente einer frühchristlichen Basilika. Aus der Antike stammen korinthische Säulen und Kapitelle.

27 Messanagrós

Abgeschiedenes Dorf als Zeuge des frühen Christentums

Das in den Koukoúliari-Bergen gelegene Messanagrós lockt nur selten Besucher an. Wer sich auf den Weg macht, kommt wegen der historisch bedeutsamen Kirche Kímissis tis Theotókou und kann kaum glauben, dass das verschlafene Nest in frühchristlicher Zeit Bischofssitz war. Im 5. Jh. stand an der Stelle des heutigen Gotteshauses eine fünfschiffige Kirche. Aus dieser Zeit stammen auch die Apsis mit Sitzbank im Kircheninneren und die Reste des einstigen Bodenmosaiks rund um die Außenmauern. Da das erste Gotteshaus verfiel, wurde im 7. Jh. ein neuer Bau, diesmal dreischiffig, errichtet. Erst im 13. Jh. entstand das heutige Bauwerk. Die Fundamentreste der Vorgängerbauten sind im Außenbereich zu sehen, Bauteile wie monolithische Säulen und ein kreuzförmiges Marmorbecken aus frühchristlicher Zeit im Inneren. Die verwitterten Wandmalereien stammen aus dem 14. Jh. Von Gläubigen wird die als wundertätig geltende Marienikone in der Altarwand verehrt.

■ Tgl. geöffnet, sonst im Kaffeehaus gegenüber nach dem Schlüssel fragen

In der Umgebung

Ágios Thomás

| Kirche |

Der Kreuztonnenbau der Pilgerkapelle Ágios Thomás liegt reizvoll unter Pinien und Zypressen in einem bewaldeten Tal und birgt Fresken aus dem 14./15. Jh. Besonderer Blickfang ist der von den Erzengeln flankierte Christus in der Apsis. An der Nordwand wird unter dem Bild der Gottesmutter der hl. Thomas dargestellt.

■ An der Straße Messanagrós–Lachaniá ausgeschildert

28 Prasonísi

18 *Weitläufiger Sandstrand und Rhodos' Surfermekka*

Dank der beeindruckenden Strandlandschaft und des vorgelagerten Eilands hat sich Rhodos' Südzipfel zum populären Ausflugsziel entwickelt. Das Areal umtosende Winde machen Prasonísi zudem zu einem der beliebtesten Surfspots der Ägäis. Prasonísi, sowohl Name des Inselchens als auch der kleinen touristischen Siedlung an Rhodos' Küste, liegt abgeschieden am Ende einer kargen Hügellandschaft, deren Einsamkeit an der Zufahrtsstraße nur durch das neue, eher befremdlich wirkende Elektrizitätswerk durchbrochen wird. Der weitläufige Strand ist, wenn es nicht durch die starke Strömung und den Wasserstand verhindert wird, über eine Sandbank mit der Insel verbunden, sodass sich zwei Buchten bilden. Während die kräftigen Winde am flach abfallenden Strand beste Bedingungen für Wellenreiter schaffen, machen sie das Sonnenbaden manchmal schwierig. Schwimmer sollten zudem auf entstehende Strömungen achten. Für Surfer, die hier ihren Urlaub verbringen, gibt es Surfschulen, Unterkünfte und Tavernen.

ADAC Mittendrin

Die **Patronatsfeste** (»panijíria«) in den Dörfern sind ein authentisches Erlebnis mitten unter Einheimischen, bei denen auch Fremde willkommen sind. Ein besonderes »panijíri«, zu dem Rhodier von der ganzen Insel aus anreisen, findet am Sonntag nach Ostern auf dem Platz rund um das Kirchlein **Ágios Thomás** in Messanagrós statt. Gleich nach der Messe beginnt das Fest mit Folklore, Tanz und vielen Leckereien. Einige Besucher haben Picknickdecken dabei, andere laufen zu einem Wasserfall in der Nähe. Höhepunkt ist am Nachmittag die Ankunft der an diesen Tagen im Süden der Insel von Dorf zu Dorf wandernden Marienikone aus dem Kloster Skiádi (S. 89).

Sehenswert

Antikes Vroúlia

| Ruinen |

Die antike Siedlung mit dem rechtwinklig verlaufenden Straßennetz auf einem Hügel 1 km nordwestlich des Strandes von Prasonísi wird auf die Zeit zwischen 650 und 550 v. Chr. datiert. Es haben sich nur bescheidene Reste erhalten. Zu erkennen sind mit viel Fantasie die Reste der Stadtmauer und eines Tempels sowie Grundmauern von Häusern. Über das Gelände führt ein beschilderter Weg.

■ Frei zugänglich

Sport

Pro Center Christof Kirschner Moderner und professioneller Standard, Windsurf- und Kite-Kurse sowie Equipmentverleih. ■ Ostseite des Strands, Tel. 2244 091045, www.prasonisi.com, Ende April–Mitte Okt. 9–19 Uhr

29 Kattaviá

Quartier der Windsurfer und historische Bauten in weiter Landschaft

Die nahe Lage zu Prasonísi sorgt dafür, dass in Rhodos' südlichstem Dorf, das in einsamer Landschaft mit fruchtbaren Getreide- und Melonenfeldern liegt, im Sommer etwas los ist. Das Bauerndorf, in dem es einfache Tavernen und Unterkünfte gibt, ist am Abend stimmungsvoller Treff von Surfern und Strandbesuchern. Rundreisenden fallen die markanten Ruinen außerhalb des Orts auf. Direkt an der Inselrundstraße steht 3 km östlich von Kattaviá das verlassene Kloster San Marco mit dem weithin sichtbaren

Kloster Skiádi ist ein bedeutendes Pilgerziel in Rhodos' Süden

Glockenturm, in dessen Innenhof inzwischen ein gemütliches Café untergebracht ist. Schilder an der Straße weisen zudem den Weg zu versteckt in Getreidefeldern dem Verfall preisgegebenen Ruinen einer Seidenfabrik und des Klosters Ágios Pávlos aus der italienischen Besatzungszeit.

Sehenswert

Kímissis tis Theotókou

| Kirche |

Die Friedhofskirche aus Naturstein wurde im 14. Jh. als Kreuzkuppelbau errichtet. Ihr tonnenüberwölbter Anbau stammt aus dem 17./18. Jh. Im Inneren des kleinen Kirchleins lohnt ein Blick auf die Fresken aus dem 16. bis 19. Jh., die unter anderem die Schöpfungsgeschichte präsentieren.

■ Am südlichen Ortsrand, falls verschlossen, in einer der Tavernen nach dem Schlüssel fragen

Restaurants

€ | **Eftihía** Etwas abseits gelegene, kleine Familientaverne, in der die Mutter des Hauses die Gäste mit griechischen Leckereien verwöhnt. ■ Nahe der Platía, Tel. 22 44 09 10 60, tgl. geöffnet

€–€€ | **Louis** Gemütliche Taverne mit Holztischen unter Maulbeerbäumen, leckeren Salaten und griechischen Gerichten in großen Portionen. ■ Platía, Tel. 22 44 09 11 22, tgl. ab 10 Uhr

30 Moní Skiádi

19 *Einsames Kloster in rauer Natur und Rhodos' wertvollste Ikone*

Das einsam auf einem Hochplateau gelegene Kloster Skiádi ist für Rundreisende unbedingt einen Abstecher wert. Der Konvent mit der interessanten Architektur birgt eine als wundertätig geltende Ikone der Panagía (Muttergottes) Skiadení und begeistert mit der reizvollen Lage in einer Landschaft, die sich nirgends sonst auf Rhodos wilder zeigt. Der umfassend restaurierte Konvent wurde der Legende nach von Eremiten gegründet, nachdem ihnen ein Leuchten den Weg zu einer Marienikone wies. Im Glauben, dass Evangelist Lukas sie gemalt habe, brachten die Eremiten die Ikone in ihre Höhle. Als sie am nächsten Morgen verschwunden war, machten sie sich erneut auf die Suche und wurden bei den Ruinen eines antiken Tempels fündig. Am Fundort bauten

Maria mit dem Jesuskind: Fresko aus dem Kloster Skiádi

sie aus den alten Bauelementen eine Kirche, weihten sie der Muttergottes und ließen sich dort nieder. Im 13. Jh. entwickelte sich aus der Kirche ein Kloster, dessen alte Kreuzkuppelkirche im 19. Jh. als Altarraum in ein größeres Gotteshaus integriert wurde. Heute sind in der Apsis noch Fresken aus dem Vorgängerbau erhalten. Die neueren Fresken im traditionellen byzantinischen Stil stammen aus dem 19. Jh. Gläubige verehren die Marienikone, die vermutlich aus dem 10./11. Jh. stammt und in der Ikonostase eingefasst ist. Sie wird von einem teils vergoldeten Silberblech bedeckt, sodass nur die Gesichter der Muttergottes und des Christuskindes sichtbar sind. Pilger hängen, wie es in der griechisch-orthodoxen Kirche üblich ist, Opfer- und Dankesgaben in Form von Votivplättchen an die Ikone. Wer in der Woche nach Ostern in das Kloster Skiádi kommt, trifft die Ikone übrigens nicht an. Dann wird sie durch die Dörfer von Südrhodos getragen.

■ Von der Straße Kattaviá–Messanagrós geht 2 km vor Messanagrós links eine Straße ab, die direkt zum Kloster führt, tagsüber frei zugänglich

31 Apolakkiá

Abgeschiedene Dörfer, ein großer Stausee und Kapellen

Obwohl 2016 ein verheerender Brand einen Teil der Wälder rund um das fernab der Massen gelegene Dorf zerstörte, überzeugt Apolakkiá besonders durch die Lage nahe einem üppig grünen Naturschutzgebiet. Das Areal rund um den Staudamm lockt Ruhesuchende ebenso wie Naturfreunde sowohl zum Picknicken als auch zu Spaziergängen. Da Apolakkiá selbst keine Sehenswürdigkeiten aufweist, beschränkt sich das Tourismusgeschäft im Ort auf die wenigen Tavernen. Wer sich ein bisschen auf Erkundungstour begibt, kann zwischen Wäldern, Melonen-, Getreide- und Tomatenfeldern kleine Kirchen ansteuern oder durch weitere urige Dörfer spazieren.

Sehenswert

Ágios Geórgios Várdas
| Kirche |
Das zwischen Bäumen eingebettete byzantinische Kirchlein wurde um 1290 als Einraumbau mit Spitztonnengewölbe erbaut und birgt inzwischen recht stark beschädigte Fresken vom Anfang des 14. Jh., die zu den ältesten der Insel gehören. Gut erkennbar ist die Darstel-

lung der Geburt Christi, die sich im Gewölbe befindet.

■ 3,5 km nördlich von Apolakkiá, von der Hauptstraße am östlichen Ortsrand ausgeschildert

Ágios Geórgios Kálamos

| Kirche |

Das weiß getünchte Kirchlein Ágios Geórgios Kálamos, das mit neuen Fresken im byzantinischen Stil ausgemalt ist, liegt idyllisch im Kiefernwäldchen über dem Meer. Auf dem Kirchenvorplatz laden Tische und Bänke zum Picknick ein. Besonders romantisch wird es dort zum Sonnenuntergang.

■ 4 km nordwestlich von Apollakiá, von der Inselrundstraße ausgeschildert.

Restaurants

€ | **Manólis** Dorftaverne, die auch von Einheimischen gern wegen der bodenständigen Gerichte besucht wird. ■ Platía, Tel. 22440612 67, tgl. geöffnet

Erlebnisse

Rhodescape Das junge, am Staudamm ansässige Team bietet Tagestouren an, bei denen man Rhodos aktiv erlebt: beim Wandern, Radfahren, Reiten, Tauchen oder Segeln. Transfer u. Verpflegung inkl. ■ Tel. 6939372584 (mobil), www.rhodescape.gr

In der Umgebung

Arnítha

| Ortsbild |

Besonders für Kirchenfans lohnt ein Abstecher in den gänzlich abseits der üblichen Touristenrouten gelegenen Weiler Arnítha mit dem alten Feldsteinkirchlein Ágios Níkonos. Das Kirchlein am Südwestrand des Dorfes ist ein kleiner Einraumbau und war einst reich mit Fresken aus dem 14. Jh. ausgemalt. Heute ist nur noch die Abbildung des hl. Níkon, einem asketischem Mönchs aus Kleinasien, erhalten.

Ístrios

| Ort |

Die weitläufige Streusiedlung begeistert mit ihrer Lage und dem Blick in die Landschaft. Nicht ganz leicht zu finden ist die Friedhofskirche Ágios Merkoúrios aus dem 11. Jh., die mit wechselnden Schichten von Feldsteinen und Ziegeln von byzantinischer Bautradition zeugt. Im Inneren dominiert ein überlebensgroßes Fresko aus dem 15./16. Jh. das Bild. Es zeigt den hl. Merkoúrios, der in der Mitte des 3. Jh. lebte, sich weigerte, den christlichen Glauben abzulegen, und deshalb enthauptet wurde. Eine Rarität im Kirchlein ist die bunte Ikonostase aus dem 17. Jh., die in dieser einst üblichen Farbgestaltung nur noch selten zu sehen ist.

ADAC Mittendrin

Rund 15 Autominuten von Apolakkiá entfernt liegt auf 320 m Höhe am Berghang der Weiler **Profiliá.** Er bezaubert nicht nur mit seinen auf steinernen Terrassen erbauten, kubischen Häusern und der Kapelle ▯gios Geórgios aus dem 16. Jh., sondern auch mit tollem Panoramablick, Gemütlichkeit und der hervorragenden, bei den Rhodiern besonders geschätzten Taverne **To liméri tou listí** (Tel. 22440 6578), wo man in herzlicher Atmosphäre einfache, aber köstliche Speisen genießt.

Übernachten

Ein schickes Boutique-Hotel im hübschen Líndos oder ein großes, luxuriöses Resort oder Mittelklasse-Großhotel in der Nachbarbucht Vlichá, in Péfki oder weiter südlich in Kiotári? Familiäre Apartmentanlagen für Selbstverpfleger in Gennádi oder am Lárdos Beach oder einfacher Standard zwischen Surfern in Kattaviá? Im Süden von Rhodos wohnen Urlauber an der Ostküste in Unterkünften nach jedem Geschmack und für jeden Geldbeutel.

Líndos 70

€€ | **Lindian Jewel** Kleines, gepflegtes Hotel mit wunderschönem Meerblick in ruhiger und idyllischer Lage. Hübsch gestaltete Zimmer, freundliches Restaurant und engagierter Service – alles in einem passenden Preis-Leistungs-Verhältnis. ■ Vlychá (ca. 3 km nördlich von Líndos), Tel. 22 44 03 30 33, www.lindianjewel.com

€€–€€€ | **Lindos Village Resort & Spa** Die teils etwas in die Jahre gekommenen, aber stilvollen Zimmer machen in dem Fünf-Sterne-Haus nur für Erwachsene leicht der hervorragende Spa-Bereich, ein äußerst freundlicher Service und die gute Küche wieder wett. ■ Vlychá (ca. 3 km nördlich von Líndos), Tel. 22 44 03 20 00, www.lindos-village.gr

€€–€€€ | **Lindian Polis** Vier hübsche, moderne und sehr gut ausgestattete Wohneinheiten mit einem grandiosen Akropolis-Blick von der Terrasse. ■ Südlicher Ortsrand, Tel. 69 42 93 92 47 (mobil), www.lindianpolis.gr

Péfki 78

€ | **Péfkos Eye** Individuell und farbenfroh gestaltete Studios, Pool und hilfsbereiter Gastgeber. Meerblick von den Zimmern mit Balkon in der oberen Etage. ■ Nördlicher Ortsrand, Tel. 78 49 08 80 09, www.pefkoseye.com

€€–€€€ | **Island Blue** Geräumige, schlicht eingerichtete Zimmer und Apartments, zwei Pools und Kinderbecken. ■ Hauptstraße, Tel. 22 44 04 81 81, www.islandblue.gr

Lárdos 78

€ | **Nicholas Beach Studios** Einfache, funktional eingerichtete und direkt am Strand gelegene Studios, freundlich geführt, für einfache Ansprüche zu einem guten Preis. ■ Östliches Ende Lárdos Beach, Tel. 22 41 02 67 88

€€€ | **Líndos Princess** Vier-Sterne-All-inclusive-Resort am Strand, ideal für Familien mit Poollandschaft, drei Restaurants und Freizeitprogramm. ■ Lárdos Beach, Tel. 22 44 02 92 30, www.lindosprincess.com

Kiotári 83

€€–€€€ | **Al Mare Villas** Geräumige und elegante Apartments und Villen, auch mit eigenem Pool, in ruhiger Lage mit Blick auf das Meer. Herzliche Betreuung und angeschlossenes Café. ■ Uferstraße, Tel. 22 44 04 71 30, www.almarevillas.com

€€€ | Rodos Princess Fünf-Sterne All-inclusive-Hotel, auch mit Familienzimmern, auf einer Anhöhe über dem Strand. Restaurants und Bars, Tennisplatz, Pool, Hallenbad, Wassersport. ■ Hauptstraße, Tel. 22 44 04 71 02, www.rodosprincess.com

Gennádi 84

€ | Summer Breeze Einfache Doppel- und Familienzimmer, geführt von einer herzlichen Familie, die für ihre Gäste auch für kleines Geld kocht. ■ Zw. Ortskern und Strand, Tel. 22 44 04 35 43, www.summerbreezehotel.gr

€–€€ | Gennádi Gardens Moderne, freundlich geführte Apartmentanlage mit drei Pools und gut ausgestatteten Unterkünften. ■ Südlicher Ortsrand, Tel. 22 44 04 36 83, www.gennadigardens.gr

Lachaniá 85

€–€€ | Mojito Beach Rooms Sieben liebevoll gestaltete, helle Zimmer über der gleichnamigen Beach-Bar (S. 86). Entspanntes Flair, solange man sich. ■ 4 km nordöstlich von Lachaniá am Strand, Tel. 69 73 46 65 32 (mobil), www.mojitobeachrooms.gr

€€ | The four Elements Vier individuell und liebevoll gestaltete Apartments, in denen sich die ganze Familie schnell wie zu Hause fühlt, Pool und Fahrradverleih. ■ Südöstlicher Ortsrand, Tel. 22 44 04 60 01, www.bnbthefourelements.com

€€€ | Atrium Prestige Thalasso Spa Resort & Villas Ruhig gelegene Fünf-Sterne-Anlage mit unterschiedlich großen Zimmern, Suiten und Villen. Mehrere Restaurants, Pools und Wellnessbereich. ■ 6 km südlich von Lachaniá am Strand, Tel. 22 44 04 62 22, www.atriumprestige.gr

Kattaviá 88

€–€€ | Prasonísi Club Einfache Doppel- und Dreibettzimmer mit Kochnische, beliebt bei Surfern. Mountainbikes zur freien Verfügung und täglicher Shuttle nach Prasonísi. ■ Nördlicher Ortsrand, Tel. 22 44 09 10 54, www.prasonisiclub.gr

ADAC Das besondere Hotel

Melénos Líndos Die Suiten und Villen im rhodischen und orientalischen Stil gelten als eine der Top-Adressen der Insel. Mit handgeschnitzten Steinfassaden und Holzarbeiten, dekorativen Decken und »Chochlákia-Mosaiken« auf den Terrassen mit Meerblick zeugen sie von der ortstypischen Architektur. Für exzellente Gaumenfreuden sorgt das hauseigene Restaurant.
€€€ | Nördlicher Ortsrand von Líndos, nahe Kapelle Ágios Dimítrios, Tel. 22 44 03 22 22, www.melenoslindos.com

Der Westen – Rhodos' windumtoste, raue Seite

Viel Einsamkeit, durchbrochen von Johanniterburgen, Dörfern mit lokalen Kulinaria und einer bedeutenden antiken Stätte

Ganz anders als der Osten wirkt Rhodos' Westküste nicht nur auf den ersten Blick rauer und über lange Strecken auch einsamer. Kein Wunder, die Region rund um den höchsten Inselberg Attáviros (1215 m) und um die hügelige Landschaft weiter nördlich ist oft windumtost. Die Winde trüben häufig die Badefreuden und haben bislang eine übermäßige touristische Bebauung verhindert. Doch auch wenn der Westen weit weniger Übernachtungsgäste zählt, ist die Region mit der abwechslungsreichen Landschaft und diversen Attraktionen ein tolles Ziel für Ausflüge – und bietet trotz Wind sogar einige attraktive Badeplätze wie am Kap Foúrni. Kulturfreunde können neben dem antiken Kámiros die Ruinen der zwei schönsten Johanniterburgen der Insel bei Monólithos und Kritinía erklimmen – alle drei inklusive Meerblick! Schleckermäuler und Freunde edler Tropfen genießen lokale Produkte in Émbonas und Siána und frischen Fisch in Kámiros Skála. Von Pinien und Olivenbäumen bedeckte Hügel und das populäre Schmetterlingstal (Petaloúdes) sorgen für tolle Naturerlebnisse.

In diesem Kapitel:

ADAC Top Tipps:

7 Monólithos
| Aussichtspunkt |
Die mächtige Burgruine auf dem hervorstechenden Felskegel verspricht ein atemberaubendes Panorama. Bei Sonnenuntergang staunen nicht nur Romantiker: Kaum irgendwo anders auf Rhodos scheint die Sonne glanzvoller ins Meer einzutauchen als hier. 96

8 Antikes Kámiros
| Archäologische Stätte |
Nirgends bekommt man einen besseren Eindruck von der Infrastruktur

einer antiken Stadt als im »griechischen Pompeji«. Die eindrucksvollen Ruinen bieten zudem einen wunderbaren Meerblick. 101

9 Petaloúdes

| Naturerlebnis |

Rhodos' bekannteste Naturschönheit wird im Sommer von Tausenden Nachtfaltern bewohnt. Das 1,5 km lange, üppig grüne Schmetterlingstal erstreckt sich am Nordhang des Psínthos-Gebirges. 103

ADAC Empfehlungen:

20 Kap Foúrni, bei Monólithos

| Strand |

Hübsche Strände zwischen Felsvorsprüngen machen Lust auf eine Entdeckungstour. 96

21 Siána

| Bergdorf |

Wer einen Hauch Rhodos mit nach Hause nehmen will, liegt mit einem Einkauf lokaler Produkte wie Honig aus Siána genau richtig. 96

22 Burg Kritinía

| Ruine |

Die trutzige Johanniterburg ist leicht zu erklimmen und gut erhalten – Meerblick inklusive. 99

23 Estate Anastasia Triantafyllou, Petaloúdes

| Weingut |

Verkostung und Verkauf vorzüglicher edler Tropfen, produziert von einer engagierten Winzerin. 105

ADAC Mittendrin

Wer authentisches Rhodos erleben will und keine hohen Ansprüche stellt, sollte ein paar Nächte in einem Bergdorf verbringen. Gut eignet sich dafür das **Hotel Thomas** (S. 107) in Monólithos. Der engagierte Gastgeber gibt gerne Tipps für Aktivitäten, bietet Jeep-Touren an, organisiert Weinverkostungen und nimmt Gäste im November zur Olivenernte mit.

32 Monólithos

7 *Burg mit Panoramablick und Felskammern an schönem Strand*

Das Dorf Monólithos am Südhang des 825 m hohen Akramítis verdankt den Namen der einzigen Attraktion des Orts, einem sich rund 1,5 km südwestlich des Orts erhebenden Felskegel, dessen imposanter Anblick bereits von der Zufahrtsstraße aus begeistert. Dort verkaufen Einheimische auch lokale Produkte wie Honig, Olivenöl und den Tresterschnaps Soúma. Auf dem 236 m hohen Monólithos, dem »einzelnen Stein«, wurde im 15. Jh. eine Johanniterburg erbaut, zu der ein steiler Treppenweg hinaufführt. Außer den teils erhaltenen Burgmauern, Hausruinen und Zisternen thront auf dem Hügel die Kapelle des hl. Panteleímonas, dem Beschützer der Kinder und Heilers von Kinderkrankheiten. Nicht nur Romantiker bestaunen auf dem Monólithos den Sonnenuntergang: Kaum irgendwo anders auf Rhodos scheint die Sonne glanzvoller ins Meer einzutauchen als hier.

■ Frei zugänglich

Restaurants

€ | **Old Monolithos** Rustikale, ruhig gelegene Taverne, in der für jeden Geschmack etwas dabei ist, egal, ob »moussaká«, Fisch oder Fleisch. ■ Dorfplatz, Tel. 22 46 06 12 76, tgl. ab 11 Uhr

In der Umgebung

Kap Foúrni
| Strand |

20 Die Fahrt vom Burgfelsen hinab zum Kap Foúrni, wo antike Spuren beweisen, dass man schon damals von der strategisch guten Lage des Felsens profitierte, lohnt sich nicht nur für Archäologie-Fans. Die Straße endet an zwei Sand-Kies-Buchten. An einem Felsblock zwischen diesen ist ein antikes Relief zu sehen, das den Fährmann Cháron darstellt. Am Südende des größeren Strands ragt das Kap Foúrni weit ins Meer hinaus. Der meist nur wenig besuchte Strand mit einfacher Beach-Bar verspricht wildromantische Badefreuden. Am Kap können Entdecker in den Stein geschlagene Grabkammern aus antiker und frühchristlicher Zeit entdecken.

33 Siána

21 *Bergdorf mit hübscher Kirche und kulinarischer Tradition*

Das kleine, aber lebhafte Dorf (auch Siánna) am Fuße des Akramítis ist wegen der lokalen Köstlichkeiten wie Honig, des Tresterschnapses Soúma und vieler anderer Leckereien bekannt. Angeboten werden sie in den Tavernen rund um den Dorfplatz und an der Hauptstraße und in vielen Läden. Markantester Bau ist die große Kirche

Ágios Panteleímonas vom Ende des 19. Jh. Sie ersetzte damals das alte, inzwischen wieder aufgebaute Kirchlein vom 10.–15. Jh. gleich gegenüber.

Sehenswert

Ágios Panteleímonas
| Kirche |
Im Inneren birgt die Dorfkirche eine reich verzierte Ikonostase und Wandmalereien im byzantinischen Stil aus den 1970er-Jahren. Außergewöhnlich sind außen die zwei Glockentürme mit ihren vier Uhren, von denen nur eine echt ist. Die beiden aufgemalten Uhren an der Frontseite stehen auf 6.50 Uhr und zeigen die Zeit an, in der 1882 der Grundstein gelegt wurde. Auch der erste Gottesdienst im gleichen Jahr begann zu dieser Zeit. Die Messe endete um 9.40 Uhr, zu sehen an der Uhr an der Straßenseite.
■ Hauptstraße, tgl. 9–18 Uhr

Restaurants

€ | **Manos Mastrosávvas** Inselweit bekanntes Lokal mit hervorragender Hausmannskost. ■ Hauptstraße, Tel. 22 46 06 12 09, www.manos-siana.com

Einkaufen

Olive Oil Factory/Ladómylos Laden in einer Olivenpresse aus dem frühen 20. Jh. Hier kann man probieren und verschiedene Olivenöle kaufen. Mit Museum. ■ Platía, tgl. 10–18 Uhr

Siana Natura Maria Honig, Olivenöl und Soúma aus eigener Produktion. ■ Hauptstraße, tgl. 10–20 Uhr

Events

Honig- und Soúma-Fest Am Wochenende vor dem 15. August stehen beim Folklorefest mit Live-Musik und Tanz die lokalen Produkte im Mittelpunkt.

Im Blickpunkt

Die Vielfalt der rhodischen Flora

Nicht nur im Vergleich zu anderen Ägäischen Inseln fasziniert die üppige rhodische Flora, die ihre Artenvielfalt einem milden, aber regenreichen Winter verdankt. Vor allem das Inselinnere mit den bewaldeten Bergen Attáviros, Akramítis und Profítis Ilías lässt staunen – zumindest dort, wo entfachte Feuer nicht für verheerende Brände gesorgt haben. Hügel und Berghänge werden von Pinien, Zypressen, Aleppokiefern, Kermeseichen und Buchen bedeckt.
An den Hängen machen sich Phrygana und Macchia breit. Oft sieht man Wacholder- und Lavendelbüsche, Mastixsträucher, Zistrosen und Mäusedornen. Im Frühling verwandeln viele Pflanzen die Landschaft in ein Blütenmeer. Zwischen Olivenhainen, Weinbergen und Getreidefeldern blühen roter Klatschmohn, gelber Ginster, Wildblumen, endemische Orchideen und die rhodische Pfingstrose sowie verschiedene Iris-Arten. Zitrusbäume, Feigenkakteen und Agaven runden das Bild ab. Naturfreunde können sich jedoch nicht nur an den vielen Farben berauschen, sondern auch an den Aromen von Thymian, Salbei, Lavendel und Rosmarin, die überall in der Luft liegen.

34 Émbonas

Ein Bergdorf als Zentrum des rhodischen Weinanbaus

Émbonas liegt mit weitläufigen Weingärten in einem langen Tal im Schatten des rauen Attáviros und hat sich wegen der ansässigen Weinkellereien zu einem Besuchermagneten gewandelt. Rhodier kommen besonders im Winter zudem dank der hiesigen Grilltavernen in das große Bergdorf. Dass die Dorfbewohner gut vom Weinbau leben können, erkennt man an vielen neuen Betonbauten, die in den letzten Jahren die traditionellen Bauernhäuser ersetzt haben. Obwohl das ursprüngliche Ortsbild darunter gelitten hat, bewirkt der florierende Weinanbau auch Positives: Émbonas ist eines der wenigen Bergdörfer der Insel, das von der Landflucht verschont geblieben ist. Wer auf eigene Faust unterwegs ist, sollte den Ort frühmorgens oder am späten Nachmittag besuchen. Tagsüber werden die Kellereien von zahlreichen Ausflugsbussen angesteuert. Touristen bevölkern dann auch die Souvenirgeschäfte, in denen farbenfrohe Web- und Strickarbeiten angeboten werden.

Im Blickpunkt

Rhodos' edle Tropfen

Auch auf Rhodos können sich Weinliebhaber inzwischen auf qualitätvolle lokale Weine freuen, egal, ob man Weiß- oder Rotwein oder gar den typisch griechischen Harzwein Retsina mag. Mit über 1000 ha bestockter Rebfläche weist Rhodos das größte Weinanbaugebiet des Dodekanes auf. Angebaut werden für Weißwein die heimischen Rebsorten Athíri und Muskat und die roten Trauben Amorgianó und Mandilariá. Hinzu kommen internationale Sorten wie Chardonnay und Merlot.

Sehenswert

Emery

| Weinkellerei |

Die 1923 gegründete Kellerei ist die größte und modernste von Émbonas. Aus rund 800 Tonnen Trauben, die am Hang des Attáviros gedeihen, werden jährlich etwa 1 Mio. Flaschen produziert. Nach einem Blick in die Produktionsstätte kann man Weine, Liköre und Ouzo probieren und kaufen.

■ Nordöstlicher Ortsrand, Tel. 22 41 02 91 11, Mo–Fr 10–16.30, Sa 9–17 Uhr

Restaurants

€ | Empona's View Panorama-Taverne außerhalb des Orts, in der man nicht nur mit toller Aussicht griechische »mezédes« essen kann, sondern auch lokale Produkte kauft. ■ An der Straße Richtung Kritinía, Tel. 22 46 04 11 52, www.emponaview.gr

€–€€ | Savvas Von vielen Reisegruppen angesteuerte Dorftaverne, die im Winter auch gern von Einheimischen besucht wird. Besonders lecker: auf Holzkohle gegrilltes Lamm und der hauseigene Wein. ■ Dorfplatz, Tel. 22 46 04 12 10, tgl. ab 12 Uhr

Einkaufen

Kounáki Die kleine, familiär geführte Weinkellerei wurde 1928 gegründet und keltert schon seit mehreren Generationen. Derzeit sind es etwa zehn verschiedene, teils preisgekrönte Weine, die hier verkostet und verkauft werden. ■ Im Ortskern, www.kounakiwines.gr, tgl. 11–19 Uhr, Mitte April–Mitte Okt. kostenlose Verkostung

In der Umgebung

Attáviros

| Naturerlebnis |

Émbonas ist Ausgangpunkt für geübte Wanderer mit guter Ausdauer, um den 1215 m hohen Gipfel des Attáviros zu besteigen. Rund 3 km trennen das Weindorf vom rauen Gipfel, für dessen Besteigung sich auch erfahrene Wanderer besser einem ortskundigen Bergführer anschließen sollten. Der Aufstieg bedeutet nicht nur 800 m Höhenunterschied zu überwinden, sondern auch Wandern ohne Pfad in felsigem Gelände und am Ende sogar Klettern. Zudem kann plötzlich einfallender Nebel auf dem höchsten Berg der Insel die Orientierung unmöglich machen. Auch stürmische Winde erschweren den Aufstieg, für den man unbedingt die passende Ausrüstung braucht. Wer die anspruchsvolle Wanderung auf sich nimmt, wird mit wunderbaren Panoramablicken belohnt.

35 Kritinía

22 *Unberührtes Dorf und trutzige Burg mit herrlichem Panorama*

Während das beschauliche Dörfchen Kritinía vom Tourismus weitgehend unberührt wirkt, zieht die etwa 4 km nordwestlich auf einem Felskegel thronende Burg Kástellos täglich zahlreiche Urlauber an. Weithin sichtbar scheinen die Mauern der Johanniterburg von

Im Weindorf Émbonas kann man edle Tropfen verkosten, hier bei Kounáki

1472 der Zeit zu trotzen. Die frei zugängliche Ruine begeistert besonders mit dem herrlichen Rundumblick – gen Westen auf die Inseln Alimiá und Chálki, in Richtung Osten ins fruchtbare Hinterland bis zum rauen Attáviros-Gebirge. Im Dorf selbst bildet die kleine unspektakuläre Platía mit dem urigen »kafeníο« den Mittelpunkt. Wer durch den Ort spaziert, kann die bergauf liegende Dorfkirche mit dem eindrucksvollen Glockenturm ansteuern.

Sehenswert

Heimatmuseum

| Museum |

Kurz vor dem Dorf finden sich in dem Rundbau auf der Terrasse des Café Mylos (ideal für ein kühles Getränk

Im Blickpunkt

Rhodos' Ruhm in der Antike

Bis zu 2500 Jahre alte historische Zeugnisse berichten auf Rhodos immer wieder von der Antike. Im 4. Jh. v. Chr. ist Rhodos-Stadt eine der reichsten Städte dieser Zeit, und die Insel erlebt als bedeutendes Handelszentrum ihre Blüte. Und obwohl Rhodos ab dem 3. Jh. v. Chr. wirtschaftlich unbedeutend wird, bleibt die Insel als Zentrum für Kultur in aller Munde. Bildhauer, Sportler, Philosophen und Redner geben sich auf Rhodos ein Stelldichein. Rhodische Bildhauer schaffen berühmte Marmorwerke wie die Laokoon-Gruppe (heute in den Vatikanischen Museen). Sportler wie der Läufer Leonídas von Rhodos und der Faustkämpfer Diagóras bringen zahlreiche Siege mit nach Hause. In den geschätzten Redner- und Philosophenschulen studieren auch berühmte Römer wie Cicero, Caesar, Pompeius und Tiberius.

nach dem Museumsbesuch) diverse Objekte aus dem 19. und 20. Jh. ausgestellt, darunter Alltagsgegenstände, landwirtschaftliches Gerät, Stickereien und Keramik. Schön ist von hier auch der Blick auf das Meer.

■ Inselrundstraße zwischen Dorf und Burg, tagsüber geöffnet, Eintritt frei

36 Kámiros Skála

Winziger Hafen mit Fischerflair und Spuren der Antike

Die winzige Streusiedlung Kámiros Skála besteht aus einer Handvoll Häuser und liegt umgeben von Gewächshäusern an der felsigen Küste. Der Weiler ist Fischer- und Abfahrtshafen, um zur Insel Chálki (S. 116) überzusetzen, und wegen der hiesigen Fischtavernen bei Einheimischen und Touristen beliebt. Für schöne Fotomotive sorgen die an der Mole vertäuten Fischerboote. Fischer laden dort täglich ihren Fang aus und flicken oder säubern ihre gelben Netze. Archäologie-Interessierte sollten einen Blick auf die Felswand hinter dem Parkplatz werfen. Über einen Zaun hinweg ist dort in Form eines rechteckigen Umrisses das Relief eines hellenistischen Grabes zu sehen. Die Ähnlichkeit zu Felsgräbern an der türkischen Küste zeugen von Handelsbeziehungen, die in der Antike zu Kleinasien bestanden.

Restaurants

€–€€ | Amýthita In der großen Taverne am Steilhang gleich oberhalb der Brandung gibt es hervorragende Gerichte und frischen Fisch. ■ An der Inselrundstraße, Tel. 22460 31091

37 Antikes Kámiros

8 *Rhodos' besterhaltene antike Stadt mit Meerblick*

Die im 2. Jh. n. Chr. durch ein Erdbeben zerstörte und verlassene Stadt ist eine der bedeutendsten archäologischen Stätten der Insel. Die eindrucksvollen Ruinen von Kámiros liegen oberhalb der Küste in einer Talsenke inmitten von Pinien und bieten somit neben einem hervorragenden Einblick in den Aufbau einer antiken Stadt auch einen wunderschönen Blick auf das Meer.

Kámiros war in der Antike nach Líndos und Ialyssós der kleinste der drei Stadtstaaten und wurde vor allem von Landwirten und Handwerkern bewohnt. Die terrassenförmig den Hang hinaufkletternde Stadt teilt sich von unten nach oben in verschiedene Viertel: öffent-

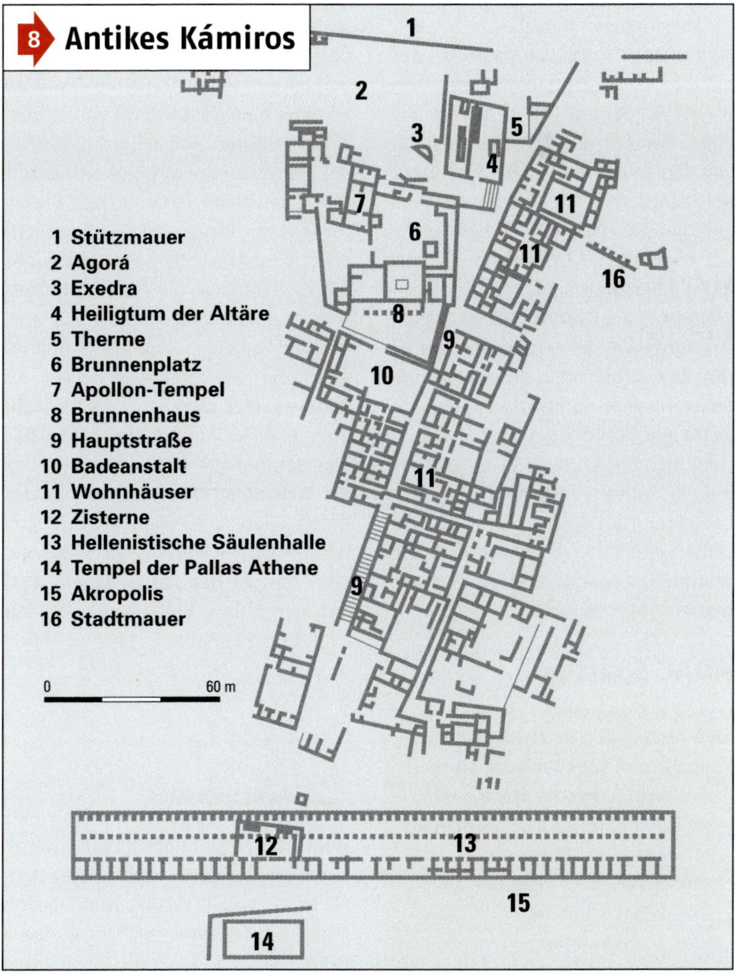

liche Gebäude, Wohnhäuser und an oberster Stelle auf der Akropolis das Heiligtum. Die Ruinen stammen aus der Zeit um 200 v. Chr. Bewohnt wurde das Areal allerdings bereits im 14. Jh. v. Chr., die Blütezeit folgte im 6. Jh. v. Chr. Mit der Gründung von Rhodos-Stadt im Jahr 408 v. Chr. verlor Kámiros wie auch Ialyssós und Líndos jedoch an Bedeutung. Im Jahr 226 v. Chr. wurde die Stadt zerstört. Nach dem Wiederaufbau führte im 2. Jh. n. Chr. ein zweites Erdbeben zur vollständigen Aufgabe.

Hinter dem Kassenhäuschen verläuft der Rundgang an ersten Wohnhäusern vorbei zur **Agorá (2)**, dem zentralen Platz, der von einer Mauer gestützt, von Säulen gerahmt und mit marmornen Statuen auf steinernen Sockeln geschmückt wurde. Im Südwesten stand ein kleiner Tempel, im Südosten ein halbkreisförmiges Gebäude mit Steinbank, die **Exedra (3)**. Der Ostrand der Agorá war dem **Heiligtum der Altäre (4)** vorbehalten, dessen Hauptaltar wohl dem Sonnengott Helios geweiht war. Hinter dem Altar-Heiligtum sieht man die Säulenreste einer **Therme (5)**, Spuren ihrer Feuerstellen, der Leitungen für Heißluft und eines Wasserbeckens. Östlich sind die Reste von **Wohnhäusern (11)** und einer **Stadtmauer (16)** zu erkennen.

ADAC Spartipp

An bestimmten Tagen im Jahr ist der **Eintritt für staatliche Museen und archäologische Stätten** frei: am 6. März, 18. April, 18. Mai sowie am letzten Wochenende im September, am 28. Oktober und an jedem ersten Sonntag der Monate November bis März.

Gen Süden öffnet sich die **Hauptstraße (9)** von Kámiros, die fast schnurgerade auf die Akropolis zuläuft. Rechts führen nach wenigen Schritten Treppenstufen hinunter zum **Brunnenplatz (6)**. Die den Platz säumende dreistufige Treppenanlage diente als Sitzplätze während religiöser Rituale. Auf der Südseite des Platzes stand ein mit dorischen Säulen geschmücktes **Brunnenhaus (8)** mit Zisterne, Wasserspeiern und Bodenmosaik. Im Westen wurden Säulen eines 9 × 9 m großen **Apollon-Tempels (7)** wieder aufgebaut. Am weiteren Verlauf der Hauptstraße, die zunächst an einer **Badeanstalt (10)** vorbeiführt, sind Tonröhren, Kanäle und Zisternen des Bewässerungssystems zu sehen. Durch das Wohnviertel mit den Grundmauern der kleinen **Wohnhäuser (11)** erreicht man das obere Ende der Straße mit drei Treppen, die zum Altarpodest führten. Von dort öffnet sich eine erstklassige Aussicht über das Stadtareal zum Meer. Die mächtigen Becken der **Zisterne (12)** daneben stammen aus dem 6. Jh. v. Chr. Darüber schmückte eine **Säulenhalle (13)** im dorischen Stil die **Akropolis (15)**. Dahinter wurden kleine Räume von Pilgern genutzt. Vom wichtigsten Heiligtum der Akropolis, dem **Tempel der Pallas Athene (14)** aus dem 3. Jh. v. Chr., ist nur noch der Grundriss erkennbar.

■ Tel. 22 41 04 00 37, Mai–Okt. tgl. 8–19.40, Nov.–April Mi–Mo 8.30–15.30 Uhr, 6 €, erm. 3 €

Verkehrsmittel

Busse fahren ab Rhodos-Stadt (Avérof-Straße, hinter der Markthalle Néa Agorá) tgl. 9 und 11.15 Uhr, Rückfahrt ab Kámiros tgl. 10 und 12.15 Uhr, einfache Fahrt 5 €

Blick von der Akropolis von Kámiros auf das Gassengewirr des einstigen Wohnbezirks

Restaurants

€€–€€€ | Porto Antico Großes Terrassenrestaurant auf einem Kap zwischen der Inselrundstraße und dem Badestrand. Spezialität ist frischer Fisch. Liegen und Sonnenschirme gibt es auch. ■ Inselrundstraße, Tel. 22 41 04 00 01, www.portoantico.gr, tgl. ab 9 Uhr

38 Petaloúdes

9 *Üppig grünes Tal, bewohnt von unzähligen Nachtfaltern*

Rhodos' berühmteste Naturattraktion, das etwa 1,5 km lange, von einem Flüsschen durchlaufene Tal, erstreckt sich am Nordhang des Psínthos-Gebirges. Das grüne Schmetterlingstal ist mit seinen Amberbäumen und ihrem speziellen Harz ein idealer Lebensraum für Nachtfalter. Zwischen Mitte Juni und Mitte September verbringen deshalb Tausende Schmetterlinge dort ihre Paarungszeit. Wer das ganze Tal durchwandern möchte, sollte festes Schuhwerk tragen und am untersten der drei Eingänge starten, wo ein klei-

Im Blickpunkt

Rhodos' Schmetterlinge

Bunte, durch die Gegend flatternde Schmetterlinge sucht man im Schmetterlingstal vergeblich. Kein Wunder, in dem einzigartigen Biotop lebt ausschließlich die »Panaxia quadripunctaria« genannte Art, die bei uns auch unter dem Namen »Russischer Bär« bekannt ist. Die Nachtfalter mit den dunkelbraunen, hell gestreiften oberen Flügeln ruhen sich tagsüber aus. Die unteren roten Flügel mit den schwarzen Punkten zeigen sie nur selten.

ADAC Mobil

Wer keine Lust hat, das gesamte **Schmetterlingstal** zu begehen oder die ganze Strecke wieder zurückzulaufen, kann es durch den mittleren Eingang betreten oder von dort mit dem **Minizug** zum oberen Ende fahren, die Moní Kalopétra besichtigen und von oben nach unten laufen. Parkplätze gibt es an allen Zugängen, Tickets für das Tal nur unten und in der Mitte, also vor der Fahrt kaufen!
www.butterflytrain.gr, Ende Mai–Mitte Okt. 9–17 Uhr alle 30 Min., 4,50 €, Kinder bis 12 Jahre frei

nes Museum über das hiesige Ökosystem Auskunft erteilt. Der Weg führt über Holzstege und Treppen an Teichen und kleinen Wasserfällen vorbei. Die Nachtfalter sitzen auf Baumstämmen und Felsen und dürfen nicht aufgeschreckt werden. Für die Zwischeneingänge und den Rückweg muss das Ticket aufbewahrt werden.

■ Mai–Mitte Okt. tgl. 9–17, Juli, Aug. tgl. 8.30–18 Uhr, 5 €, in der Nebensaison 3 €

Sehenswert

Moní Kalópetra

| Kloster |

Das im 13. Jh. gegründete Kloster am oberen Ende des Schmetterlingstals fasziniert mit seiner Lage. Vom Klosterhof mit Bänken und Tischen eröffnet sich ein großartiges Panorama über die grünen Hänge und das Meer bis zur türkischen Küste. Für kunsthistorisch Interessierte ist das Kirchlein von 1780 weniger interessant.

Verkehrsmittel

Busse Von Rhodos-Stadt (Avérof-Straße, hinter der Markthalle Néa Agorá) zum Schmetterlingstal Juni bis Sept. tgl. 9.30 und 11.30, zurück tgl. 12.20 und 15 Uhr, einfache Fahrt 5,20 €

Die heimische Schmetterlingsart zeigt sich tagsüber nur selten in voller Pracht

Einkaufen

Estate Anastasia Triantafyllou (23) Leckere Weine und süffiger Retsina: Die Weinkellerei von Anastasia Triantafyllou lohnt nicht nur zum Einkaufen. Die Weine, den Retsina, den Tresterschnaps Soúma sowie andere Kulinaria wie Olivenöl kann man auch verkosten. ■ Hauptstraße Westküste–Petaloúdes, Tel. 22 41 08 20 41, www.estateanastasia.com

Kinder

Fárma-Ródou-Tierpark Die »Farm von Rhodos« mit Tieren aus aller Welt ist vor allem für Familien mit Kindern einen Abstecher wert, überzeugt jedoch nicht immer mit artgerechter Haltung. ■ Abseits der Straße Westküste–Petaloúdes (ausgeschildert), www.farma-rhodes.com, tgl. 9–19 Uhr, 7 €, Kinder 4 €, Kinder unter 3 Jahren frei (Online-Tickets sind günstiger)

39 Paradíssi

Ursprünglichkeit rund um den Flughafen, Bienenmuseum und mehr

Obwohl Paradíssi sich viel von seinem ursprünglichen Charme erhalten hat, tragen weder der nahe gelegene Flughafen noch die den Ort durchquerende, viel befahrene und an dieser Stelle sehr enge Westküstenstraße dazu bei, dass sich Urlauber hier lange aufhalten wollen. Wer dennoch einen Stopp in dem typisch griechischen Dörfchen einlegt, kann in den authentischen Tavernen und Cafés verweilen, die hauptsächlich von Einheimischen aufgesucht werden. Flugzeugfans werfen lieber einen Blick auf die Landebahn.

Das friedliche Kloster Kalópetra wartet mit einer kleinen Kirche auf

Cafés

Airport View Vom recht unscheinbaren Café an der Landebahn haben Flugzeugfans einen tollen Blick auf Start und Landung der Ferienflieger. ■ Am westlichen Ortsschild rechts Richtung Landebahn, Tel. 241 08 18 80

In der Umgebung

Bee Museum

| Museum |

In dem Bienenmuseum der Imkervereinigung lernen Groß und Klein u. a. durch einen Bienenstock hinter Glas etwas über die Bienenzucht. Im Museumsshop gibt es diverse Honigarten. ■ Eparchiakí Odós Pastídas (Schnellstraße Paradíssi–Ostküste), www.beemuseum.gr, Mo–Sa 8.30–17, So 9–13 Uhr, 3 €, Kinder 1,50 €, Kinder bis 12 Jahre frei

ADAC Mittendrin

Wer sich auf Rhodos ein wenig abseits der üblichen Touristenrouten bewegt, wird in kleinen Dörfern immer wieder auf authentische Tavernen treffen, die auch von Einheimischen gerne besucht werden. Von der Westküstenstraße gut erreichbar ist die charmante **Taverne Drosiá** im Ortskern von Theológos, in der es köstliche »mezédes« zu guten Preisen gibt.
Theológos, Tel. 22 41 04 16 84, Mo–Sa ab 18, So ab 12 Uhr

Ágios Soúlas (Ágios Sílas)

| Kirche |

Die Wallfahrtskirche etwa 13 km südwestlich von Paradíssi liegt in einem Pinien- und Kiefernwald. Das weitläufige Areal ist hervorragend für ein Picknick geeignet. Zum Patronatsfest am 29./30. Juli machen sich zahlreiche Pilger auf den Weg. Im Rahmen des ausgelassen gefeierten Folklorefests findet traditionell auch ein Eselrennen statt. Das Wasser aus der Quelle im Kircheninneren gilt als heilend.

Theológos

| Dorf |

Nur wenige Besucher machen sich auf den Weg in das kurz Thólos genannte Dorf. An den hiesigen Kiesstränden treffen sich jedoch viele Surfer. Archäologie-Liebhaber können auf dem Weg in den Ortskern einen Halt bei den Ausgrabungen eines Apollon-Tempels und eines Theaters machen. Sie bezeugen, dass an dieser Stelle schon vor etwa 2400 Jahren eine antike Stadt stand. Die Ausgrabungen in dem umzäunten Gelände sind jedoch stark vernachlässigt.

Beliebt bei Surfern und Kitern sind die Strände von Theológos

Übernachten

Die Unterkünfte an der Westküste sind vor allem etwas für Ruhesuchende – zumindest, wenn man sich nicht gerade nahe dem Flughafen in Paradíssi einquartiert und die Flugzeuge über einen hinwegdüsen. Neben dem Trubel sucht man in dieser Region auch vergeblich nach luxuriösen All-inclusive-Resorts. In den wenigen Hotels, egal, ob in den Binnendörfern wie Monólithos und Émbonas oder an der Küste in Paradíssi, geht es eher familiär und einfach zu.

Monólithos 96

€ | Thomas Etwas in die Jahre gekommenes Hotel mit neun einfachen Zimmern. Zuvorkommende Gastgeber (siehe »ADAC Mittendrin«, S. 96). Fünf neuere Apartments mit mehr Platz und Küche eignen sich gut für Selbstverpfleger. ■ Ortskern, Tel. 22 46 06 12 64, www.thomashotel.gr

Émbonas 98

€ | Ataviros Familiär geführtes, eher rustikales, aber gepflegtes Haus mit 16 einfachen, teils renovierten Zimmern. Idyllischer Außenbereich mit Pool, herrlicher Ausblick auf die Berge. Angeschlossen ist eine Taverne. ■ Ortsrand Richtung Kritinía, Tel. 22 46 04 12 35, www.atavirosh otel.gr

Kámiros Skála 100

€€ | Auberge Kalopétri Vier kleine Häuser mit je drei geschmackvollen Apartments und Terrassen mit tollem Meer- und Bergblick. Zweimal die Woche kocht die Gastgeberin, lecker auch das Frühstück. ■ Etwa 1 km südlich von Kámiros Skála (nahe dem Kastell Kritinía), Tel. 22 46 03 11 68, www.auberge kalopetri.com

Antikes Kámiros 101

€ | To Akrogiáli Nahe dem Strand gelegenes Bed & Breakfast mit ganz einfachen Zimmern und gutem Frühstück. Beliebt bei Kitern, die um die Ecke zwei Stationen vorfinden. ■ Fanés (ca. 8 km nordöstlich der Ausgrabungsstätte), Tel. 22 41 04 10 48, www.toakrogiali.com

Paradíssi 105

€ | Vallian Village Mit 58 schlicht, aber zweckmäßig eingerichteten Zimmern gehört die Anlage zu den größeren Hotels an der Westküste südlich des Flughafens. ■ Westlicher Ortsrand (nahe Landebahn), Tel. 22 41 08 22 00, www.vallianvillage.gr

€ | Filoxenía Das Apartmenthotel mit der gepflegten Gartenanlage liegt mitten im Grünen und wird liebevoll geführt. Die beiden Pools sorgen für Badevergnügen, das Restaurant für Leckereien. ■ Theológos, Tel. 22 41 08 24 00, www.filoxenia-rodos.gr

€–€€ | Níkos Ikíes Pension mit liebevoll und modern gestalteten Zimmern und besonders freundlichen Gastgebern, die gern auch mal für ihre Gäste kochen. ■ Theológos, Tel. 22 41 08 23 28, E-Mail: nikosikies@ gmail.com

Die Nachbarinseln – Rhodos' attraktive Schwestern

Tagesausflüge zu den Inseln Sými und Chálki führen zu pastellfarbenen Dörfern, auf Sými auch zu einem der bekanntesten Klöster der Ägäis

Rhodos' kleine Nachbarinseln stehen hoch im Kurs! Kein Wunder, täglich starten von den Häfen in Rhodos-Stadt zahlreiche private Ausflugsboote und Fähren zu den bildhübschen Inselwinzlingen. Zu den populärsten Zielen gehören Sými, das 42 km nördlich von Rhodos vor der türkischen Küste liegt und von etwa 2500 Menschen bewohnt wird, und Chálki gegenüber der rhodischen Westküste mit nur rund 500 Bewohnern. Mit den farbenprächtigen, klassizistischen Herrenhäusern in ihren Hauptorten versprühen beide Inseln den Charme des 19. Jh. Ein toller Kontrast entsteht durch die kargen Hügel im Hinterland.

Während Sými in den letzten Jahren dank vielen wohlhabenden und auch prominenten Gäste zu einem der schicksten Ziele des Archipels avanciert ist, zeigt sich Chálki nach wie vor romantisch und ursprünglich. Sými erwartet Urlauber zudem mit einem beliebten Pilgerziel, wo auch die Boote der Tagesausflügler einen Zwischenstopp einlegen. Auf Chálki, das noch kleiner als Sými ist, sehen Tagesausflügler hingegen meist nur den einzigen Ort und besuchen einen nahe gelegenen Strand. Weitere, meist einsame Strände, die von Taxibooten angesteuert werden, können auf beiden Inseln all diejenigen entdecken, die über Nacht oder sogar für mehrere Tage bleiben. Einen Mietwagen brauchen die Besucher der Eilande nicht, die Inselbusse kurven kreuz und quer über die Inseln und steuern die wichtigsten Orte und Strände an. Allenfalls ein Roller ist eine gute Alternative für diejenigen, die etwas flexibler unterwegs sein wollen.

In diesem Kapitel:

ADAC Top Tipps:

10 Sými
| Insel |

Nur einen Katzensprung von der türkischen Küste entfernt, bezaubert das schicke Postkartenidyll tagtäglich Tausende Besucher, die meist den Inselhauptort, Sými-Stadt, und das Kloster Panormítis ansteuern. 110

ADAC Empfehlungen:

24 Thólos, Sými-Stadt
| Restaurant |
Genuss abseits der Massen, typisch griechische Stühle direkt am Wasser und toller Blick auf Sými-Stadt. 115

25 Chálki
| Insel |
Ruhesuchende aufgepasst! Der entzückende Inselzwerg wartet mit nur einem Örtchen und einsamen Badebuchten auf. 116

40 Sými

Rhodos' stilechte Nachbarinsel und berühmtes Pilgerziel

Die charmante Bilderbuchinsel Sými ist unbedingt einen Ausflug wert

Information

- Offizielle Webseite der Gemeinde: www.symi.gr
- Parken siehe S. 115

10 *Schickes Postkartenidyll nahe der türkischen Küste*

Bereits beim Einlaufen in die Hafenbucht von Sými-Stadt wird klar, warum sich Segler und Jachtbesitzer auf der nur 58 m² großen Insel Sommer für Sommer ein Stelldichein geben. Sými ist eine der schönsten Inseln des Archipels. Denn die bunten Herrenhäuser aus dem 18. und 19. Jh. klettern nirgends so fotogen die Hänge empor wie hier. An der Küstenlinie wechseln sich schroffe Steilufer mit tiefen Meerbusen und winzigen Badeplätzen ab.

Sými wird im Sommer tagtäglich von Tausenden Tagesausflüglern und auch gern von Prominenz aus aller Welt angesteuert, sodass in der Hafenbucht im Juli und August nur schwer ein Ankerplatz zu bekommen ist. Von Rhodos aus dauert die Fahrt rund eine Stunde. Die Ausflugsboote fahren meist zunächst für einen Zwischenstopp zum idyllisch in einer malerischen Bucht im Inselsüden gelegenen Kloster Panormítis. Von dort geht es dann für ein paar Stunden nach Sými-Stadt. Wer

Plan
S. 112

neben dem Inselhauptort und dem Kloster Panormítis einsame Badebuchten entdecken will, gern wandert, malt oder fotografiert, bleibt über Nacht oder ein paar Tage länger. Insbesondere vor und nach dem Besuch der Tagestouristen lädt Sými abseits des Trubels des Tagesgeschäfts zu geruhsamen Momenten ein.

Sehenswert

1 Sými-Stadt

| Ortsbild |

Sýmis charmanter Hauptort, der sich in die Ortsteile Gialós (rund um den Hafen) und Chorió (am südlichen Hang und Hügel) teilt, bezaubert mit der markanten Silhouette und den hübsch restaurierten Bürger- und Herrenhäusern. Das quirlige Gialós ist das meistbesuchte Viertel des Orts. Wahrzeichen ist der steinerne Uhrturm von 1881 am Anleger. Nordwestlich von diesem führt die Straße in den rund 2 km entfernt liegenden Weiler Emborió. Auf dem Weg dorthin erhebt sich in der nördlichen Bucht auf einem Hügel das Kloster Evangelismós mit einem filigranen Campanile. Hinauf führt eine Treppenstraße, deren Aufstieg mit einem herrlichen Panorama über den Ort belohnt wird.

Läuft man vom Anleger in die andere Richtung, also südwestlich ins Zentrum von Gialós, öffnet sich hinter der kleinen Brücke ein großer Platz mit dem Rathaus und dem Nautischen Museum. Letzteres thematisiert mit Fotos, Schiffsmodellen und weiteren Exponaten den Schiffsbau sowie die einst auf Sými übliche Schwammfischerei. Wegen der Krise ist es seit einigen Jahren jedoch geschlossen.

Die schönste Gasse von Sými-Stadt ist die Kalí Stráta, also »Gute Straße« genannte Treppengasse mit ihren etwa 500 Stufen, die von der südlichen Seite der Promenade hinauf nach Chorió, dem stilleren, labyrinthartigen Ortsteil, führt. Die treppenartige Gasse ist in der Hitze zwar mühsam zu erklimmen, sorgt jedoch mit beachtlichen, teils restaurierten Herrenhäusern für einen guten Eindruck der hiesigen Architektur. Oben angekommen, laden ein paar Cafés und Tavernen zur Rast. Wer die Muße hat, den Burgfelsen mit der hübschen Panagía-Kirche aus dem 19. Jh., den Resten einer Ritterburg vom 13. Jh. und den Überresten der antiken Akropolis zu erklimmen, wird mit einem grandiosen Blick belohnt. Im Gassenlabyrinth von Chorió lotsen Schilder zum Archäologischen Museum. Dort sind Funde aus der Bronzezeit bis ins 1. Jh. v. Chr., Möbel, Trachten und Kunsthandwerk des 18./19. Jh. ausgestellt.

■ Museum Chorió, unregelmäßig geöffnet (vor dem Aufstieg im Ort fragen), Eintritt frei

2 Emborió

| Ortsbild |

Der winzige Weiler, der nur im Sommer von gerade mal 20 Menschen bewohnt wird, ist für diejenigen besuchenswert, die mehr als einen Tag auf Sými verbringen. Emborió ist auch mit dem Roller oder Taxi erreichbar und bezaubert mit einem Kieselstrand in einer von wenigen Häusern und Kapellen gesäumten Bucht. Über die weißen Treppenstufen hinter der Taverne Metapóntis gelangt man zu drei Kapellen und zu den spärlichen Überresten von Bodenmosaiken einer frühchristlichen Basilika. Auf den Mosaiken sind Tiere – Vögel, Hirsche und ein Kamel – abgebildet.

3 Pédi

| Ortsbild |

Wie sich die kleine Siedlung in die von einem Bergsattel gerahmte, kreisrunde Bucht am Ende eines Tals schmiegt – die türkische Küste in Sichtweite –, kann man am besten von der Ostseite von Chorió bestaunen. Den Blick auf die im Wasser dümpelnden Boote und die vor Anker liegenden Jachten genießt man vom schmalen Strand vor der Uferstraße sowie von den wenigen Tavernen und Unterkünften. Schöner

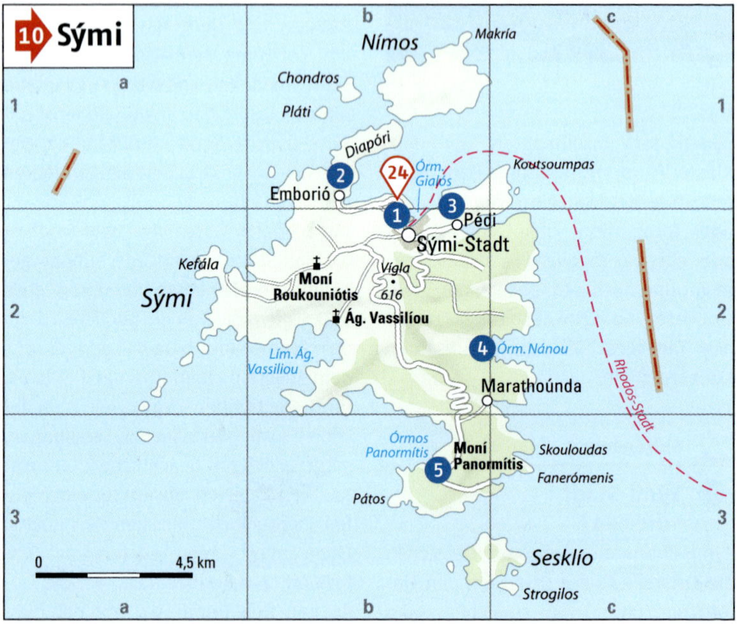

baden lässt es sich am kleinen, flach abfallenden Sand-Kiesel-Strand Ágios Nikólaos östlich der Pédi-Bucht, der in 20 Minuten zu Fuß oder per Taxiboot erreichbar ist. Ein weiterer schöner Strand liegt am nördlichen Ende der Bucht. Der kinderfreundliche Agía Marína Beach verdankt den Namen der malerisch auf der vorgelagerten Felsinsel gelegenen Kapelle.

4 Nánou

| Strand |

Der von Oliven und Zypressen gerahmte, vergleichsweise recht ruhige Strand mit großen und kleinen Kieselsteinen gilt als einer der schönsten der Insel und wird von Taxibooten angelaufen. Das klare Wasser macht die Bucht mit einer Taverne zum beliebten Spot für Schnorchler.

5 Moní Panormítis

| Kloster |

Das Kloster Panormítis ist Sýmis wichtigste und bekannteste Sehenswürdigkeit und einer der bedeutendsten Wallfahrtsorte der Ägäis. Wer den Konvent von Sými-Stadt aus besuchen will, fährt über die etwa 20 km lange Inselstraße gen Süden; Ausflugsboote legen hier ohnehin einen Zwischenstopp ein. Idyllisch – wenn auch meist total überlaufen – mutet das Kloster, das wohl im 6. Jh. gegründet wurde, insbesondere dank seiner Lage direkt am Meer in einer sichelförmigen Bucht an. Ziel der Urlauber ist der vergleichsweise kleine, blumengeschmückte Klosterhof hinter dem prächtigen Glockenturm von 1905, der von Herbergsgebäuden mit Platz für rund 500 Pilger flankiert wird. In dem mit schwarz-weißen Kieselsteinen gepflasterten Hof steht die kleine, dem Erzengel Michael geweihte Klosterkirche mit einer als wundersam geltenden Ikone, die den Erzengel als Drachentöter und Überwinder Luzifers zeigt. An der zweiten verehrten Ikone von 1724, die eine überlebensgroße Darstellung des Erzengels aufweist, hängen zahlreiche Votivtäfelchen. Die Fresken an den Wänden, die verschiedene Heilige abbilden, sind knapp 60 Jahre älter und wurden von den einheimischen Künstlern Nikítas und Michális Karakostís gemalt. Aufgrund des hohen Besucheraufkommens, vor allem wenn ein Ausflugsboot angelegt hat, bleibt im mystisch-düsteren Kirchlein nur wenig Zeit. Besucher müssen es von der Altarseite aus rasch wieder verlassen. Etwas weniger Betrieb herrscht meist in den beiden Museen. Während im Sakralmuseum uralte liturgische Geräte und Ikonen präsentiert werden, thematisiert das Folkloremuseum mit Schätzen wie Votivbildern aus Wachs und Porzellan das Inselleben in den vergangenen Jahrhunderten.

■ Tel. 22 46 07 15 81, www.panormitisymis.gr (nur griechisch), tgl. tagsüber geöffnet

ADAC Wussten Sie schon?

Votivtäfelchen, die Gläubige als Opfergaben an Ikonen hängen, kennen Kirchen- und Klosterbesucher in Griechenland bereits. Ins **Kloster Panormítis** kommen Pilger mit einer weiteren Gabe: Mit den traditionellen Naturbesen, die von den Gläubigen meist hübsch geschmückt werden, soll der Erzengel ihre Sünden wegfegen. Besen im Miniformat kann man im Klostershop erstehen, egal, ob als Opfergabe oder als Souvenir!

ADAC Mobil

Wer nicht mit einem organisierten Tagesausflug, sondern auf eigene Faust z. B. mit der Fähre Panagía Skiadení von Dodekanisos Seaways nach Sými und zum Kloster Panormítis fährt, kann für die **Weiterfahrt nach Sými-Stadt** von der Fähre auf den Inselbus umsteigen. Meist steht dieser bei Ankunft der Fähre bereits vor dem Kloster. Fragen Sie beim Fahrer, ob Plätze frei sind und wann der Bus startet. So können Sie quer über die Insel fahren, z. B. in Chorió aussteigen, einen Blick über die Pédi-Bucht erhaschen und über die Kalí Stráta hinunter zum Hafen laufen.

Verkehrsmittel

Schiffe/Ausflugsboote Einen (geführten) Tagesausflug zur Insel Sými mit Zwischenstopp am Kloster Panormítis kann man auf Rhodos in fast jedem Reisebüro, bei Reiseveranstaltern und bei privaten Anbietern am Mandráki-Hafen in Rhodos-Stadt buchen. Die Linienverbindungen, zum Teil auch mit Halt beim Kloster, sind gut für die Fahrt auf eigene Faust geeignet. Die Überfahrt dauert ca. 1,5 bis 2 Stunden. ■ Dodekanisos Seaways: www.12ne.gr, Seadreams: www.seadreams.gr, Abfahrt tgl. zw. 8.30 und 10 Uhr, Rückfahrt zw. 16.30 und 18 Uhr, einfache Fahrt ca. 15 €

Bootstaxis Fahren täglich von Sými-Stadt und Pédi zu den Stränden. Genaue Informationen erhält man am Abend zuvor am Hafen.

Inselbus Der kleine Bus »Panormitis« verbindet Sými-Stadt dreimal tgl. zw. ca. 7 und 14 Uhr mit dem Kloster Panormítis (einfache Fahrt 3,50 €). Der gelbe Bus (»Lakis«) fährt einmal stdl. von Gialós über Chorió nach Pédi und wieder zurück (einfache Fahrt 1,70 €).

Roller Wer auf Sými mobil sein möchte, mietet sich am besten einen Roller für 15–20 € (www.jimmysmoto.com).

Das Kloster Panormítis auf Sými ist eines der bedeutendsten Wallfahrtsziele der Ägäis

Taxi Eine Handvoll Taxis steht am Südostende der Bucht von Sými-Stadt.

Parken

Wer einen Roller gemietet hat, kann diesen kostenfrei am Platz hinter der Brücke parken.

Restaurants

24 **€–€€ | Thólos** Abseits der Massen gleich am Wasser gelegene Taverne mit herrlichem Blick auf das Meer und Sými-Stadt. Leckerer frischer Fisch und wechselnde Tagesgerichte. ■ Uferstraße Richtung Emborió, Sými-Stadt, Tel. 22 46 07 20 33, 12–15.30 und 18–0.30 Uhr

€€ | Haritoméni Nicht nur zur Zeit des Sonnenuntergangs begeistert das Restaurant in Hanglage mit traditioneller griechischer Küche und zauberhaftem Blick auf Gialós. ■ Am Südhang der Bucht, Sými-Stadt, Tel. 22 46 07 27 71, tgl. 10–14 und 18–24 Uhr

€€ | To Spitikó An den wenigen Tischen der einfachen Taverne schmecken die Meeresfrüchte, etwa die knusprig gebratenen, inseltypischen Sými-Shrimps (»simiakó garidáki«), und der frische Fisch besonders gut. ■ Südseite der Bucht, Gialós, Sými-Stadt, Tel. 22 46 07 24 52, tgl. ab 9 Uhr

Cafés

The Olive Tree Von zwei Britinnen herzlich geführtes Café mit hübscher Terrasse, farbenfrohem Mobiliar und interessanter kleiner Speisekarte, frischen Säften und originell belegten Sandwiches. ■ Am oberen Ende der Kalí Stráta, Chorió, Sými-Stadt, Tel. 22 46 07 26 81, tgl. 9–15.30 Uhr

Leckeres mit Flair gibt es im Café »The Olive Tree« in Sými-Stadt

Einkaufen

Olive Wood Deko-Objekte, Spiele wie Schach oder Puzzle und Küchenhelfer aus Olivenholz. ■ Südseite der Promenade, Gialós, Sými-Stadt, Tel. 22 46 07 11 03, www.woodenland.com.gr

Takis Leather Fashion Großes Angebot an Lederwaren wie Portemonnaies, Schuhe, Taschen und Gürtel, aber auch Kleidung, überwiegend vom Besitzer Tákis Psarrós entworfen und gefertigt. ■ Nordseite der Promenade, Gialós, Sými-Stadt, Tel. 22 46 07 23 90, www.takisleatherfashion.com

Events

Am 8. November findet im Kloster Panormítis ein **Kirchweihfest** statt, zu dem zahlreiche Pilger fahren.

41 Chálki

Rhodos' kleinste Schwester: Charme, Ruhe und Strände

Blick auf Nimboriós, den einzig bewohnten Ort des Inselzwergs Chálki

Information

- Webseite der Gemeinde Chálki: www.dimoschalkis.gr

25 *Inselzwerg mit nur einem bewohnten Ort vor rauer Szenerie*

Das karstige Chálki, von der UNESCO mit dem Titel »Insel des Friedens und der Freundschaft für die Jugend der Welt« gekürt, ist das kleinste bewohnte Eiland des Dodekanes. Auf gerade mal 28 km² leben im einzigen Ort Nimboriós, der wie die Insel auch einfach Chálki genannt wird, nur rund 300 Einwohner. Auf dem Inselwinzling, der mit dem farbenfrohen Örtchen bezaubert, hält sich das Tourismusgeschäft bis auf die Tagesausflügler und wenigen Übernachtungsgäste in Grenzen. Dass auf Chálki alles eine Nummer kleiner ist, zeichnet sich auch in der Infrastruktur und den wenigen Straßen ab. Davon, dass Chálki bis Mitte des 20. Jh. dank der lukrativen Schwammfischerei eine wohlhabende Insel war, zeugen noch heute die pastellfarbenen Häuser aus dem 19. Jh. Auf Chálki sind diejenigen gut aufgehoben, die ein charmantes Refugium für einen Tagesausflug suchen oder einfach mal ein paar Tage fern von jeglichem Trubel in aller Ruhe abschalten möchten.

Plan
S. 119

Sehenswert

1 Nimboriós

| Ort |

Nimboriós ist nicht nur der einzig bewohnte Ort der Insel, sondern auch die wichtigste Attraktion. Die zweistöckigen Bürger- und Herrenhäuser schmiegen sich zwischen die kahlen Hügel und das türkisblau schimmernde Meer. In der Bucht dümpeln Fischerboote, an der Promenade flicken Fischer ihre gelben Netze. Auf dem Bergrücken über Nimboriós zeugen drei alte Windmühlen davon, dass auf der Insel trotz Wassermangels einst Getreide angebaut wurde. Gleich hinter der Promenade ragt zwischen dem farbenfrohen Häusermeer der vierstöckige Glockenturm der Kirche Ágios Nikólaos empor, angeblich der höchste des Archipels. Der Kirchhof mit der stattlichen Zypresse wurde im 19. Jh. mit dem schwarz-weißen »Chochlákia«-Mosaik geschmückt. Im Inneren der Kirche von 1860 imponieren die vergoldete Altarwand und das Kreuztonnengewölbe. Oberhalb der Kirche lohnt das strahlend weiße, einst als Schule genutzte Rathaus mit der schönen Freitreppe und der klassizistischen Fassade aus dem 19. Jh. einen Blick. Gleich daneben erhebt sich ein steinerner Uhrturm. Schilder weisen Interessierten den Weg zum »Traditionellen Haus von Chálki«. Das über 100 Jahre alte, zweistöckige Haus zeugt von der einst üblichen Einrichtung und birgt traditionelle Kleidung bis hin zu Geschirr.

■ Traditionelles Haus von Chálki: Ortskern (ausgeschildert), Tel. 22 46 04 52 84, tgl. 11–15 und 18–20 Uhr, 3 €

ADAC Spartipp

Wer für den Urlaub auf Rhodos ohnehin einen Mietwagen gebucht hat, kann damit auch zu den Häfen von Rhodos-Stadt oder besser noch nach Kámiros Skála fahren, dort die Fähre besteigen und Chálki **auf eigene Faust** besuchen. Geführte Ausflüge beinhalten zwar oft auch den Transfer vom Hotel zum Hafen, sind jedoch meist teurer. Und: Auf dem winzigen Chálki findet man sich auch allein gut zurecht.

2 Ftenágia

| Strand |

Der zu Fuß von Nimboriós in etwa 15 Minuten erreichbare Sandstrand ist Ziel fast aller Tagesausflügler, sodass dort zur Mittagszeit besonders viel los ist. Der flach abfallende Strand liegt in einer schönen Bucht zu Füßen eines mit Olivenbäumen bewachsenen Hügels. Besonders fotogen ist die weiße Kapelle im Osten der Bucht. Am Strand mit Taverne werden Liegen und Sonnenschirme vermietet.

3 Póndamos

| Strand |

Der winzige, schmale Kiesstrand in einer felsigen Bucht südlich von Nimboriós hat einen schönen Blick auf die vorgelagerten Felsinseln. Sonnenschirme und Liegen stehen etwas erhöht, eine Taverne sorgt für Verpflegung.

4 Chorió

| Ruinendorf |

Seit Mitte des 20. Jh. schlummert das 3 km landeinwärts von Nimboriós gelegene Chorió zu Füßen einer Johanniterburg im Dornröschenschlaf. Die Ruinen der alten Häuser klettern den von alten Ölbäumen und Macchia bewachsenen Hang hinauf, dazwischen verstecken sich einige uralte weiß getünchte Kirchlein. Am Fuße des Hügels sind an der Kapelle Sotírou Christoú im Mauerwerk verbaute antike Bauteile zu erkennen. Einige Stufen führen hinauf zur großen Kirche Panagía i Chorianí aus dem 15. Jh. An der ältesten Kirche der Insel vorbei, der Kapelle Paliá Panagía von 890, geht es entlang eines rot markierten Pfads auf den Gipfel. Dort bauten die Johanniter an der Stelle der antiken Akropolis wie zuvor die Byzantiner eine Burg. Überwältigend ist vom Gipfel der Panoramablick über die Insel und das Meer bis hin zu den Bergen von Rhodos.

5 Moní Agíou Ioánnou

| Kloster |

Urlauber, die mehrere Tage auf Chálki verbringen, haben genügend Zeit, um zum Kloster Agíou Ioánnou zu wandern oder zu fahren. Wanderer benötigen von Chálki/Nimboriós etwa drei Stunden auf der nahezu schattenlosen, 8 km langen Strecke bis zum unbewohnten Kloster am Ende der Inselstraße. In der Kirche sind Ikonen aus dem 17. Jh. zu sehen. Im Hof spendet eine mächtige Zypresse Schatten, ein Brunnen kühles Quellwasser.

6 Kánia

| Strand |

Der hübsch von schroffen Felsen umsäumte Sand-Kies-Strand nördlich von Nimboriós ist sowohl über Land als auch über Wasser erreichbar. Zu Fuß erreicht man den kleinen Strand mit einfacher, aber guter Taverne, Liegen und Schirmen in etwa 30 Minuten.

Verkehrsmittel

Ausflugsboote Täglich starten in Rhodos-Stadt mehrere Ausflugsboote nach Chálki. Linienverbindungen (Dodekanisos Seaways) gibt es dienstags und donnerstags ab Rhodos-Stadt. Der Katamaran startet um 8.30 Uhr und fährt um 16.50 bzw. 17.45 Uhr wieder zurück. Die einfache Fahrt dauert 1 Std. 15 Min. und kostet hin und zurück 29 €. Infos und Buchung: www.12ne.gr.

Schneller ist die 45-minütige Überfahrt von Kámiros Skála aus. Die »Fedon« fährt im Juli und August tgl. (einfache Fahrt 12 €), in der Nebensaison dreimal wöchentlich. Abfahrt von Kámiros Skála Juni–August Do–Di 9.15 und Mi 11.30 Uhr. Rückfahrt von Chálki Mo–So 16, So zusätzl. 18.30 Uhr, aktuelle Infos unter Tel. 69 37 25 25 25.

Bootstaxis Bringen Urlauber von Nimboriós zu den Stränden.

Bus Der kleine Inselbus verbindet Nimboriós dreimal tgl. mit den Stränden Kánia, Póndamos und Ftenágia (hin und zurück 3 €). Freitagnachmittag fährt der Bus auch nach Chorió (5 €) und zum Kloster Ágios Ioánnis (10 €) und wieder zurück.

Restaurants

€–€€ | Magéfseis Einfache Taverne mit vielen Stammgästen und großer Auswahl an griechischen Gerichten von Gyros über Tagesgerichte bis zu Fisch.
■ An der Promenade nahe dem Anleger, Tel. 22 46 04 50 65, tgl. ab 8.30 Uhr

€–€€ | Kánia Vielbesuchte Strandtaverne mit Tischen im Sand und auf einer alles überblickenden Empore. Köstlich sind die frittierten Mini-Shrimps und die inseltypische Pasta.
■ Kánia-Strand, Tel. 69 55 58 45 93, nur tagsüber geöffnet

Cafés

Theodosía Bei hausgemachtem Kuchen, Desserts und leckerem Eis treffen sich auch die Einheimischen gern.
■ Promenade nahe dem Anleger, Tel. 22 46 04 52 78, tgl. geöffnet

Events

Kirchweihfest Panagía Jedes Jahr am 14./15. August erwacht das verlassene Chorió wieder zum Leben.

In der Umgebung

Alimiá

| Insel |

Das 7,4 km² kleine, unbewohnte Inselchen wird ab und zu von Taxibooten aus Nimboriós angesteuert. Auf dem Eiland bezeugen die Ruinen eines Weilers und einer Ritterburg sowie ein gepflegtes Kirchlein die einstige Besiedelung. Heute wird Alimiá von Ziegen bewohnt und ist mit zwei schönen Stränden ideal für einen Badeausflug. Wann die Taxiboote starten, erfährt man an den Tafeln an der Mole.

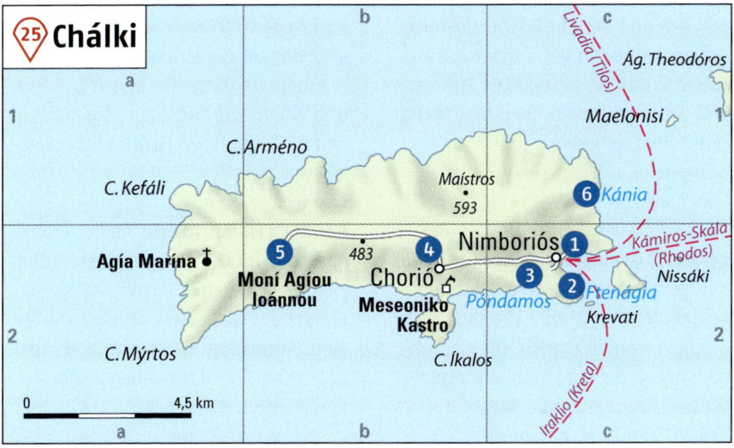

Übernachten

Wer Rhodos' kleine Schwesterninseln genauestens kennenlernen möchte, bleibt über Nacht. Gerade die Zeit, in der nicht unzählige Tagestouristen die Eilande bevölkern, begeistert sowohl Sými- als auch Chálki-Besucher. Da die Anzahl der Hotels und Betten begrenzt ist, lohnt es besonders für die Monate Juli und August, weit im Voraus zu buchen. Großhotels gibt es weder auf Sými noch auf Chálki. Besucher wohnen hauptsächlich in Zimmern oder Apartments in restaurierten Herrenhäusern. Die an einer Hand abzählbaren »großen« Hotels zählen zwischen 15 und 20 Zimmern.

Sými 110

€ | **Pedi Beach Hotel** Für Sými vergleichsweise großes, familiär geführtes Hotel gleich am Strand in der ruhigen Pédi-Bucht mit leckerem Frühstück, auch mit Halbpension buchbar. ■ Pédi, Tel. 22 46 07 18 70, www.pedibeachhotel.gr

€€ | **Théa** Fünf geschmackvoll eingerichtete Zimmer, sehr sauber und mit besonders hübschen Bädern, in einem neoklassizistischen Gebäude mit schönem Blick auf den Hafen. ■ Sými-Stadt, Tel. 22 46 07 25 59, www.symi-thea.gr

€€ | **Kokóna** Im Jahr 2017 renoviertes, kleines Hotel mit geschmackvoll in hellen Erdtönen gestalteten Zimmern und orthopädischen Coco Mat-Matratzen. Tolle Gastgeber. ■ Am kleinen Platz neben der Kirche, Sými-Stadt, Tel. 22 46 07 14 51, www.hotelkokona.gr

€€–€€€ | **Asymi Residences** 14 schick mit viel Holz in hellen Pastelltönen gestaltete Apartments, die sich auch gut für Familien eignen. Die Gastgeber sorgen für eine familiäre Atmosphäre in ruhiger Lage. ■ Pédi, Tel. 22 46 07 23 00, www.asymi.gr

Chálki 116

€€ | **Aretanássa** Chálkis größtes Hotel zählt gerade mal 19 Zimmer und ist in einem historischen Gebäude untergebracht. Die Zimmer haben einen herrlichen Blick auf das Meer und den Ort; eine Leiter bietet direkten Zugang zum Meer. ■ Chálki, Tel. 22 46 07 09 27, www.aretanassa-hotel.gr

€€ | **Bright Sun Villas** Gemütliches Apartment und Studio in einem Steinhaus in den ruhigen Gassen des Inselörtchens mit Terrasse und hübschem Hafenblick. ■ Chálki, Tel. 69 45 45 55 17, www.brightsunvillas.com

€€ | **Aegean View Villas** Zwei modern und elegant eingerichtete Apartments in einem neoklassizistischen Gebäude und einem Kapitänshaus, die mit tollem Blick über den Hafen entzücken. ■ Chálki, Tel. 69 39 52 95 16, www.aegeanviewvillashalki.com

€€–€€€ | **Hálkis Múses** An der Promenade und im Ort gelegene historische Häuser, die zu drei Suiten und einem Ferienhaus umgebaut wurden. Die für Selbstverpfleger idealen Unterkünfte (40–110 m²) sind besonders hübsch eingerichtet. ■ Chálki, Tel. 69 36 67 66 67 (mobil), www.halkismuses.gr

Die exotischste Zutat?
Deine Neugier.
G|U
VIETNAM
TAJINE
TEX-MEX KÜCHE
So gut schmeckt die Welt.
Koch dich einmal um den Globus mit der erfolgreichsten Kochbuchreihe der Welt und aufregenden Ideen für Köstlichkeiten aus aller Herren Länder. Für dein leckerstes Ich.
Überall, wo es Bücher und E-Books gibt, und auf www.GU.de

ADAC Service Rhodos

Beim **ADAC Infoservice**, in den **ADAC Geschäftsstellen** sowie auf dem **Internetportal des ADAC** (adac.de) erhalten Sie Informationen zu den Dienstleistungen des Automobilclubs und zu Ihrem Reiseziel. So können Sie sich von der **ADAC Trips App** (adac.de/services/apps/trips) via Smartphone oder Tablet-PC inspirieren lassen oder als **ADAC Mitglied** das kostenlose **ADAC TourSet® Ägäische Inseln** (adac.de/reise-freizeit/reiseplanung/tourset) mit vielen Reiseinfos und Karten anfordern. Bei Pannen und Notfällen steht Ihnen unser Team rund um die Uhr telefonisch und digital zur Verfügung.

ADAC Infoservice

T 0800 510 11 12
Infos zu allen ADAC Leistungen
(Mo–Sa 8–20 Uhr, gebührenfrei)

ADAC Ambulanzdienst

T 089 76 76 76
(Erkrankung, Unfall, Verletzung, Transportfragen, Todesfall)

ADAC Pannenhilfe Deutschland

T 089 20 20 40 00, Mobil 22 22 22
(Verbindungskosten je nach Netzbetreiber/Provider)

ADAC Pannenhilfe Ausland

T +49 89 22 22 22
(Verbindungskosten je nach Netzbetreiber/Provider)

Online-Angebote des ADAC für Ihre Reiseplanung

Service	Webadresse
Übersicht zu Reiseinspirationen, -planung und -hinweisen	adac.de/reise-freizeit/reiseplanung
Aktuelle Verkehrslage	adac.de/verkehr
Individuelle Routenplanung	adac.de/maps
Infos zu Tankstellen und Spritpreisen	adac.de/tanken
Infos zu mautpflichtigen Strecken	adac.de/reise-freizeit/maut-vignette
Infos zu Fährverbindungen	adac.de/faehren
Aktuelle Infos vor Reiseantritt	adac.de/tourmail
Informationen für Camper	adac.de/camping
Informationen für Motorrad- und Oldtimerfahrer	adac.de/reise-freizeit/reisen-motorrad-oldtimer
Informationen für Segler und Skipper	skipper.adac.de
ADAC Reiseangebote	adacreisen.de
ADAC Autovermietung	adac.de/autovermietung
ADAC Versicherungen für den Urlaub	adac.de/versicherungen
Weltweite Preisvorteile für ADAC Mitglieder	adac.de/vorteile-international

Diese **Produkte des ADAC** könnten Sie interessieren: **ADAC Reiseführer Kos, ADAC Reiseführer Korfu, ADAC Reiseführer Kreta und ADAC Reiseführer Zypern** – erhältlich im Buchhandel, bei den ADAC Geschäftsstellen und in unserem ADAC Online-Shop (adac.de/shop).

Anreise und Einreise

Auto und Autofähre

Nur wer viel Zeit hat, sollte sich mit dem Auto auf den langen Weg nach Rhodos machen. Autoreisende können sich beim ADAC über anfallende Mautgebühren in den Transitländern und in Griechenland erkundigen. Die bequemste Strecke führt über Italien nach Griechenland, wo man mit der Autofähre von Venedig, Ancona oder Bari nach Igoumenítsa oder Pátras auf dem griechischen Festland übersetzt (einzelne Fahrt pro Person ab etwa 70 €, Auto ab etwa 90 €). Von dort geht es mit dem Auto weiter nach Piräus, wo regelmäßig Autofähren nach Rhodos ablegen (einzelne Fahrt pro Person ab 40 €, Auto ab 60 €). Die Fahrten von Italien nach Griechenland, aber auch von Piräus nach Rhodos sind lang, für die Strecke Bari–Patras benötigt man etwa 17,5 Std., für die Strecke Piräus–Rhodos ca. 15 Std.

Fähren Italien–Griechenland:

■ Anek-Superfast, über ADAC Fähren (adac-faehren.de, Tel. +49 67 19 20 69 30) und www.anek.gr

■ Minoan Lines, über ADAC Fähren (s. o.) und www.minoan.gr

Fähren Piräus–Rhodos:

■ Blue Star Ferries, www.bluestarferries.com

Flugzeug

Der **Flughafen Diagóras** wird im Sommer von allen großen europäischen Flughäfen aus angeflogen, im Sommer (April–Okt.) direkt mit unterschiedlichen Charterflügen, im Winter mit Linienflügen über Athen und von dort z. B. mit Aegean Airlines (www.aegeanair.com) oder mit Olympic Air (www.olympicair.com). Die Flugdauer beträgt von Deutschland aus ca. 3 Std.

Linienbusse verbinden mehrmals täglich den Flughafen mit Rhodos-Stadt (ca. 6–24 Uhr, einfache Fahrt 2,60 €). Bustickets gibt es beim Fahrer.

Die einfache Fahrt mit dem **Taxi** kostet vom Flughafen z. B. nach Rhodos-Stadt 25 €, nach Líndos 75 €.

■ Flughafen Rhodos Diagóras, 14 km südlich von Rhodos-Stadt, Paradíssi, www.rho-airport.gr

Einreise und Dokumente

Deutsche, Österreicher und Schweizer benötigen zur Einreise einen gültigen Personalausweis oder Reisepass. Alleinreisende Minderjährige brauchen eine amtlich beglaubigte Einverständniserklärung der Eltern, Kinder einen Kinderausweis, Kinderreisepass, Personalausweis oder Reisepass.

Auto und Straßenverkehr

Führerschein und Papiere

Autofahrer brauchen den nationalen Führerschein, wer mit dem eigenen Auto anreist, auch den Kfz-Schein. Die Mitnahme der Internationalen Grünen Versicherungskarte wird empfohlen, da sie als Versicherungsnachweis dient und z. B. bei einem Unfall die Abwicklung erleichtert.

Straßennetz und Sicherheit

Rhodos' Straßennetz ist vor allem im Norden und Osten gut ausgebaut. Im Westen ist die Inselrundstraße etwas kurviger. Besonders kurvenreich sind die Straßen im Inselinneren. Vorsicht ist wegen Schlaglöchern und unzureichend abgesicherter Baustellen geboten. Im Inselinneren sollte man auch auf frei herumlaufende Tiere achten.

Verkehrsvorschriften

Tempolimits

Fahrzeuge	innerorts	außerorts
Pkw und Wohnmobile bis 3,5 t	50 km/h	je nach Ausschilderung 90–110 km/h
Motorräder	40 km/h	max. 70 km/h

Die **Promillegrenze** liegt bei 0,5. Motorradfahrer und Personen, die den Führerschein noch keine zwei Jahre besitzen, dürfen nicht mehr als 0,2 Promille aufweisen.

Die **Bußgelder** für Missachtung der Straßenverkehrsordnung sind drastisch: Fahren ohne Sicherheitsgurt oder ohne Helm wird z. B. mit 350 €, Missachtung roter Ampeln mit 700 €, Telefonieren während der Fahrt mit 100 € geahndet.

Im **Kreisverkehr** haben grundsätzlich die einfahrenden Fahrzeuge Vorfahrt, sofern nicht durch Schilder anders geregelt. Im Auto herrscht **Rauchverbot**, wenn Kinder unter zwölf Jahren mitfahren. Das **Abblendlicht** darf tagsüber am Pkw nicht eingeschaltet sein. Ausnahmen gelten bei schlechten Sichtverhältnissen und für Wagen mit automatischem Tagfahrlicht. Um schnelleren Fahrern die Möglichkeit zum **Überholen** zu geben, wird von Fahrzeugen auch der Standstreifen ganz rechts genutzt.

Verkehrsschilder

Die Verkehrsschilder in Griechenland entsprechen bis auf wenige Ausnahmen denen in Deutschland. Das weiß-gelbe Vorfahrtschild ist kaum anzutreffen. Ein Stoppschild weist den anderen Verkehrsteilnehmer an einer Kreuzung darauf hin, dass Sie Vorfahrt haben. Stoppschilder ersetzen fast immer auch unser dreieckiges Schild für »Vorfahrt gewähren«.

Unfall

Unfälle müssen sofort bei der Polizei und beim Mietwagen-Vermieter gemeldet werden. Bei Unfällen mit geringen Sachschäden veranlasst die Polizei meist nur den Austausch der Personalien der Beteiligten. Ein Unfallprotokoll wird bei geringen Sachschäden in der Regel nicht aufgenommen. Ob der Auto-Vermieter ein solches jedoch braucht, erfragt man vor Ort.

Tanken

In Ballungs- und Touristenzentren gibt es genügend Tankstellen. Nachts sind sie jedoch oft geschlossen. An einigen Tankstellen kann man nachts auch über einen Automaten mit Karte Benzin bekommen. Sonst tankt auf Rhodos der Tankwart. Aussteigen muss dann nur, wer mit Karte zahlt.

Barrierefreies Reisen

Zumindest in rhodischen Hotels verändert sich im Hinblick auf barrierefreies Reisen in den letzten Jahren immer mehr zum Positiven. Immer öfter sind behindertengerechte Zimmer buchbar. Auch Restaurants sind meist auf Rollstuhlfahrer eingerichtet und barrierefrei zugänglich. Museen und archäologische Stätten sind jedoch meist gar nicht oder nur zum Teil zugänglich. Viele Strände sind recht gut mit dem Auto erreichbar.

Für pflegebedürftige Personen mit einer Begleitperson bietet die deutsch-griechische Initiative »Pflegeurlaub Rhodos« die Möglichkeit, die Ferien auf Rhodos zu verbringen. Infos unter www.pflegeurlaub-rhodos.eu.

Diplomatische Vertretungen

Deutsches Honorarkonsulat

■ Amerikís 55, 85100 Rhodos-Stadt, Tel. 22 41 03 71 25, E-Mail: rhodos@hk-diplo.de

Schweizerisches Honorarkonsulat

■ G. Efstathíou 8, 85100 Rhodos-Stadt, Tel. 22 41 03 61 55, E-Mail: rhodos@honrep.ch

Österreichisches Honorarkonsulat

■ Gr. Lambráki 39, 85100 Rhodos-Stadt, Tel. 22 41 09 25 19, E-Mail: HK.Rhodos@hotmail.com

Deutsche Botschaft Athen

■ Karaóli & Dimitríou 3, 10675 Athen, Tel. 21 07 28 51 11, Bereitschaftsdienst in Notfällen Tel. 69 32 33 81 53, www.griechenland.diplo.de

Österreichische Botschaft Athen

■ Vasilissís Sofías 4, 10674 Athen, Tel. 21 07 25 72 70, www.bmeia.gv.at/botschaft/athen

Schweizerische Botschaft in Athen

■ Iassiou 2, 11521 Athen, Tel. 21 07 23 03 64, www.eda.admin.ch

Feiertage

Rosenmontag, Ostern und Pfingsten werden in Griechenland nach dem **julianischen Kalender** statt wie bei uns nach dem gregorianischen Kalender gefeiert. So kann das Osterfest, das im griechich-orthodoxen Kirchenjahr den gleichen Stellenwert hat wie bei uns Weihnachten, bis zu fünf Wochen später stattfinden als in Mitteleuropa.

Neujahr (1. Jan.), Taufe Christi, Epiphanias (6. Jan.), Rosenmontag (2. März 2020, 15. März 2021, 7. März 2022), Nationalfeiertag (25. März), Mariä Verkündigung, Karfreitag (17. April 2020, 30. April 2021, 22. April 2022), Ostern (19./20. April 2020, 2./3. Mai 2021, 24./25. April 2022), Tag der Arbeit (1. Mai, bewegl. Feiertag), Pfingsten (7./8. Juni 2020, 20./21. Juni 2021, 12./13. Juni 2022), Mariä Entschlafung (15. Aug.), Nationalfeiertag (28. Okt.), Weihnachten (25./26. Dez.).

Geld und Währung

Griechenland ist Mitglied der Europäischen Währungsunion, Währung ist der Euro. Die Centmünzen werden »leptá« genannt. Gängige **Kreditkarten** und **Maestro-Karten** werden in Banken, Hotels, Tankstellen sowie in Geschäften und Restaurants generell akzeptiert. Seit September 2017 sind sie dort auch Pflicht. Vor allem auf dem Land sollte man dennoch Bargeld dabeihaben. An Geldautomaten, die es in den meisten größeren Ortschaften gibt, kann man rund um die Uhr Geld abheben. Allgemeine Sperrnummer bei Kartenverlust Tel. +49 11 61 16.

Kosten im Urlaub
(durchschnittliches Preisniveau)

Tasse Kaffee	2,50–4 €
Softdrink	1,50–4 €
Glas Bier	ca. 3 €
Gyros Píta (Imbiss)	ca. 3 €
1 Liter Benzin	1,55–1,70 €
Mietwagen/Tag	ab 25 €

Gesundheit

Apotheken

Apotheken (»farmakío«) sind am grünen Kreuz erkennbar und gut ausgestattet. Es werden jedoch nicht alle deutschen Medikamente geführt. Standardmedikamente sind oft günstiger als bei uns. Fensteraushänge informieren über Notdienste.

Krankenversicherung
Die in die Versicherungskarte integrierte Europäische Krankenversicherungskarte (EHIC) wird in Griechenland anerkannt und garantiert eine medizinische Grundversorgung. Eine zusätzliche Auslandskranken- und Rückholversicherung ist dennoch zu empfehlen.

Krankenhäuser
In staatlichen Krankenhäusern, Gesundheitszentren (ESY, National Health Center) und Erste-Hilfe-Stationen kann man sich nach Vorlage der EHIC kostenlos behandeln lassen. In Notfällen klappt das meist problemlos. In privaten Krankenhäusern oder bei privaten Ärzten zahlt man immer selbst.

■ Staatliches Krankenhaus Rhodos, Ag. Apostóloi, Rhodos-Stadt, www.rhodes-hospital.gr (nur griechisch)

■ Private Klinik Euromedica, Koskinoú, www.euromedica-rhodes.gr

Haustiere
Hunde und Katzen dürfen nur mit im EU-Heimtierausweis nachgewiesener Tollwutimpfung und der dort ebenfalls eingetragenen Kennzeichnung durch Mikrochip nach Griechenland mitgenommen werden.

Information
Die offiziellen Auslandsvertretungen der **Griechischen Zentrale für Fremdenverkehr** (EOT, www.visitgreece.gr) geben Ihnen weitere Infos für die Reisevorbereitung.

Deutschland

■ Holzgraben 31, D–60313 Frankfurt, Tel. +49 69 257 82 70, www.visitgreece.com.de

Österreich

■ Opernring 8, A-1010 Wien, Tel. 01/512 53 17, info@visitgreece.at

Schweiz

■ Die Büros in Deutschland und Österreich sind auch für die Schweiz zuständig.

Touristeninformationsbüros gibt es in Rhodos-Stadt, Faliráki und Líndos. Die Kontaktdaten finden Sie in den Ortsbeschreibungen. **Offizielle Webseite Rhodos**: www.rhodes.gr, **App** mit Hintergrundinfos, leider nicht aktuell: Tourism Rhodes

Klima und beste Reisezeit
Rhodos gehört zu den sonnenreichsten Regionen Europas und ist im Sommer, im Frühling und im Herbst besuchenswert. Die touristische Saison beginnt Mitte April und dauert bis Ende Oktober. Das mediterrane Klima sorgt in dieser Zeit für beständiges Wetter, sodass zwischen Mai und September so gut wie kein Regen fällt.

In der **Hauptsaison,** also im Juli und August, klettern die Temperaturen nicht selten sogar auf 40 °C. In diesen beiden Monaten ist auf Rhodos auch am meisten los. Naturfreunde sollten Rhodos im Mai oder Juni besuchen, wenn die Insel in voller Blüte steht. Zu dieser Zeit sowie im Herbst kommen auch Wanderer auf ihre Kosten. Badefans genießen das rund 20 °C warme Wasser bis in den November hinein. Sightseeing- Fans können Rhodos auch im recht milden, aber regenreichen und manchmal auch stürmischen Winter besuchen. Die Attraktionen hat man dann meist für sich allein. Geöffnete Hotels findet man zwischen November und Mitte April allerdings fast ausschließlich in Rhodos-Stadt.

Klimadaten Rhodos

Monat	Luft (°C) min./max	Wasser (°C)	Sonne h/Tag	Regentage
Jan.	9/15	16	4	10
Feb.	9/16	15	4	9
März	10/17	16	6	7
April	12/20	16	8	3
Mai	15/24	19	10	2
Juni	19/27	22	12	1
Juli	22/29	24	12	0
Aug.	22/28	25	11	0
Sept.	19/26	24	9	1
Okt.	17/23	23	6	5
Nov.	13/20	20	5	6
Dez.	11/17	17	4	9

Nachtleben

Rhodos ist auch unter Griechen bekannt und beliebt für das Nachtleben im Sommer. Vor allem in Rhodos-Stadt gibt es in dieser Zeit zahlreiche Ausgehmöglichkeiten für jeden Geschmack. Nachtschwärmer kommen dann nicht nur in den hippen **Bars** und **Clubs** der Altstadt und im Hotelviertel an der Westküste von Rhodos-Stadt auf ihre Kosten, sondern können sich auch auf Events wie klassische **Konzerte** und **Theateraufführungen** zwischen historischen Mauern, oft auch unter freiem Himmel freuen. In der Neustadt zieht außerdem das **Spielcasino** allabendlich viele Besucher an.

Für nächtliche Unterhaltung sorgen auch die Bars und Diskotheken der Touristenzentren, vor allem in Faliráki und Ialyssós. Wer es etwas familiärer und traditioneller bevorzugt, besucht die **Folklorefeste** (»panijíria«) in den Dörfern. Folkloristische Abende mit Musik und Tanz finden in etwas touristischerem Rahmen jedoch auch in vielen Großhotels statt.

Notfall

Über die EU-weite **Notrufnummer** 112 kann man – auch über das Mobiltelefon – Polizei, Unfallrettung und Feuerwehr kontaktieren. Die Polizei erreicht man in Griechenland außerdem über die Tel. 100, Krankenwagen über 166 und die Feuerwehr über 199. Touristenpolizei auf Rhodos: Tel. 22 41 02 74 23

Öffnungszeiten

Für die **Sehenswürdigkeiten** gibt es keine einheitlichen Öffnungszeiten. Orientieren kann man sich nur an den Kernzeiten der kleineren staatlichen archäologischen Stätten und Museen (Mi–Mo 8.30–15.30 Uhr). Einige Attraktionen können im Sommer tgl. bis 20 Uhr besucht werden. Die Finanzkrise hat jedoch dazu geführt, dass Personal eingespart wird. So bleiben einige Einrichtungen zwischenzeitlich ganz geschlossen, andere haben verkürzte Öffnungszeiten. Auch in der Nebensaison kann es entgegen der offiziellen Angaben passieren, dass verkürzte Zeiten gelten. Daher lohnt – sollte der Besuch z. B. mit einer längeren Anreise verbunden sein – ein Anruf vorab. Aktuelle Zeiten können Sie auch bei den Touristeninformationen erfragen. Die Zeiten hängen dort auch aus. Infos auch auf: www.ando.gr/eot

Sollten **Kirchen** in Dörfern verschlossen sein, kann man beim Nachbarn oder im nächsten Kaffeehaus nach dem Schlüssel fragen. **Klöster** schließen oft zur Mittagszeit (ca. 14–17 Uhr).

Festivals und Events

Februar/März

Karneval (Karnevalsonntag: 2. März 2020, 14. März 2021) – Der größte Karnevalsumzug der Insel findet in Kremastí statt.

Unabhängigkeitstag und **Mariä Verkündung** (25. März, inselweit) – Paraden u. a. mit Militär und Schulklassen.

April

Páscha (Ostern, Karfreitag bis Ostermontag: 17.–20. April 2020, 30. April–3. Mai 2021,inselweit) – Karfreitag (Megáli Paraskeví) wird der »epitáfios« (ein symbolisches Grab Christi) geschmückt und in Prozessionen durch den Ort getragen; Ostersamstag (Megálo Sávato) Mitternachtsmesse, oft mit Feuerwerk. Ostersonntag (Páscha) wird im großen Familienkreis gefeiert.

Mai

Medieval Rose Festival (Ende Mai, Rhodos-Stadt) – Umzüge in Kostümen und Events im Zeichen der Ritter (www.medievalfestival.gr).

Juni

Patronatsfest Profítis Amós (14./15. Juni, Faliráki) – Volksfest mit Musik, Leckereien, Ständen mit Textilien und Spielzeug am Kloster Profítis Amós.

Juli

Sommer-Events (Juli–September, Rhodos-Stadt) – Zahlreiche Konzerte, Theater- und Tanzaufführungen in historischem Rahmen. Infos bei der Touristen-Info.

August

Honig- und Soúma-Fest (Wochenende vor dem 15. August, Siána) – Volksfest mit viel Speis, Trank und Tanz.

Mariä Entschlafung (15. August, an fast allen Marienkirchen) – Am Vorabend und am 15. August wird in Gemeinden mit Musik und Tanz gefeiert, z. B. in Asklipió oder in Messanagrós.

Handwerkermarkt (Mitte August, Kremastí) – Handwerkskunst und Kulinaria aus dem ganzen Land sowie abends Live-Musik, zehn Tage lang rund um die Hauptstraße.

September

Patronatsfest Panagía Tsambíka (6.–8. September, Moní Káto Tsambíka) – Größtes Fest der Insel: Fressbuden, Schnickschnack an Marktständen und kleine Fahrgeschäfte.

Patronatsfest Panagía (7. September, Moní Skiádi) – Gut besuchtes Volksfest im Kloster Skiádi.

Internationales Festival Rhodos (Mitte/Ende September, Rhodos-Stadt) – Klassische Konzerte im Großmeisterpalast. Termine bei der Touristen-Info.

Souvenirgeschäfte und andere **Läden** in der Altstadt von Rhodos-Stadt und in den Urlaubsorten sind in der Saison meist tgl. ca. 9–22 Uhr, manchmal auch länger geöffnet. Geschäfte für den alltäglichen Bedarf öffnen oft nur Mo–Sa ca. 10–14 und Di, Do, Fr auch 17–21 Uhr. Die Öffnungszeiten von **Postämtern** sind Mo–Fr 8–14.30, von **Banken** Mo–Do 8–14, Fr 8.30–13 Uhr.

Soweit nicht anders in diesem Reiseführer angegeben, haben **Tavernen** und **Restaurants** keine Ruhetage. Die meisten Lokale öffnen gegen 11 Uhr und schließen nach Mitternacht. Es gibt nur wenige exklusivere Restaurants, die erst ab 18 Uhr öffnen. Wichtig: Auf Sými machen fast alle Tavernen von 15–17 Uhr Mittagspause.

Open-Air-Locations wie **(Strand-)Bars** oder **Clubs** haben in der Hochsaison meist tgl. geöffnet, in der Nebensaison abhängig von Nachfrage und Wetter manchmal nur Do, Fr und Sa.

Post

Postkarten und Briefe brauchen von Rhodos innerhalb Europas etwa drei bis sieben Tage. Ihr Versand kostet 85 Cent. Briefmarken bekommt man auf den Postämtern (»tachidromío«) der griechischen Post (ELTA) und meistens auch in den Geschäften, in denen man die Karten kauft. Die gelben Briefkästen mit der Aufschrift ELTA gibt es in den meisten größeren Orten.

Rauchen und Alkohol

In öffentlichen Gebäuden, in Flughäfen und Verkehrsmitteln ist das **Rauchen** auch in Griechenland offiziell verboten. Während das Gesetz im Flughafen und in den Verkehrsmitteln auch durchgesetzt wird, halten sich Restaurants, Cafés und kleinere Hotels nur sehr selten daran. Hier wird fast überall weiterhin geraucht.

Alkohol wird an Personen ab 18 Jahren ausgeschenkt.

Sicherheit

Trotz Finanz- und Flüchtlingskrise bleiben Rhodos und die Nachbarinseln ein **sicheres Reiseziel**. Auch deutsche Urlauber müssen sich nicht davor fürchten, angefeindet zu werden. Ganz im Gegenteil – man ist gastfreundlich wie immer und freut sich über alle Besucher. Auch **allein reisende Frauen** können sich unbesorgt bewegen. Die **Kriminalitätsrate** ist insgesamt niedrig. Dennoch sollte man, wie allerorts, keine Wertgegenstände sichtbar ins Auto legen und im Gedränge auf seine Tasche achten. Taschendiebe gibt es überall auf der Welt.

Souvenirs

Insbesondere in Rhodos-Stadt kann man sehr gut einkaufen. Während die Neustadt mit zahlreichen Geschäften für den täglichen Bedarf, Läden internationaler Label sowie griechischer Mode-, Schuh- und Schmuckdesigner lockt, findet man in der Altstadt unzählige **Souvenirgeschäfte** und Läden, die **Kunsthandwerk** und **Lederwaren** anbieten. Auf der Suche nach Andenken kommen Shopping-Fans auch in Líndos voll auf ihre Kosten. Typische Mitbringsel sind neben Lederwaren und Schmuck Naturschwämme, Holzschnitzarbeiten, traditionelle Stickereien, Ikonen und originelle Keramik. Beim Kauf von Kunsthandwerk empfiehlt es sich, genauer hinzusehen:

Einige Waren sind Chinaimporte. Die handgefertigten Objekte sind meist etwas teurer, dafür qualitätsvoller.

Archäologische Fundstücke, Antiquitäten und alte **Ikonen** dürfen nicht ausgeführt werden. Repliken gibt es z. B. im Museumsshop in Rhodos-Stadt, Ikonen in den Klöstern.

Kulinarische Freuden bereiten zu Hause Produkte wie Olivenöl, Kräuter und Gewürzmischungen, die rhodischen Honigsorten, Weine oder der inseltypische Tresterschnaps »soúma«.

Sport

Angeln

Angeln im Meer ist überall erlaubt und auch bei den Einheimischen z. B. am Mandráki-Hafen in Rhodos-Stadt, Kámiros Skála oder Kallithéa sehr beliebt. Angelschnüre und Haken gibt es oft sogar im Supermarkt. Häufig bieten private Anbieter in den Urlaubsorten **Angelausflüge** an.

Beachvolleyball

An vielen Stränden gibt es frei nutzbare Volleyballnetze.

Golf

Der einzige **18-Loch-Golfplatz** (Par 73) der Insel verspricht zwar eine tolle Lage mit Meerblick, ist in den letzten Jahren aber in einem schlechten Zustand. Ausrüstung kann man leihen.

■ Afándou Golf: www.afandougolfcourse.com

Radfahren und Mountainbiking

Rhodos' Küste und auch das hügelreiche Inselinnere, das mit vielen Feld- und Waldwegen aufwartet, sind für Fahrrad- oder Mountainbike-Touren bei entsprechender Kondition ideal. Für Touren auf eigene Faust kann man zum Beispiel bei **Motoride** in Faliráki (www.motoride-faliraki.com) Mountainbikes mieten. Neben geführten Touren werden auch Fahrradferien angeboten, beispielsweise bei **Rodos Cycling** (www.rodoscycling.com).

Reiten

Lange Strandabschnitte und herrliche Wald- und Feldwege schaffen ein tolles Areal für Ausritte. Neben Reitausflügen werden auf Rhodos Reitunterricht und Reiterferien angeboten, z. B. bei der **Elpida Ranch** (www.elpidaranch.eu).

Schnorcheln und Tauchen

Während Schnorcheln überall erlaubt ist, wurde in ganz Griechenland das Meer zum Tauchen erst 2006 freigegeben. Viele Tauchbasen bieten seitdem **Tauchgänge** in der faszinierenden Unterwasserwelt rund um Rhodos sowie **Unterricht** an – auch deutschsprachig. Neben einem umfangreichen Angebot an PADI-Kursen stehen auch Schnupperkurse auf dem Programm.

Segeln

Rhodos und die kleineren Inseln des Dodekanes sind ein beliebtes Seglerziel. Segelboote und Motorjachten mit und ohne Crew werden in den Touristenzentren und in Rhodos-Stadt vermietet. Auch Tagesausflüge werden angeboten. Die neue Marina im Südosten von Rhodos-Stadt hat 2015 eröffnet, um den Mandráki-Hafen zu entlasten (www.rhodesmarinas.com).

Tennis

Tennisplätze mit Flutlicht gibt es in vielen Großhotels. Es lohnt sich also für Anhänger des weißen Sports, den Schläger einzupacken.

Wandern

Ausgedehnte Wanderungen bieten sich auf Rhodos besonders im Frühjahr und im Herbst an. Durchgängig ausgeschilderte Wege sind jedoch leider nicht zu finden. Wer auf eigene Faust wandern möchte, sollte Wanderschuhe, lange Hosen, eine Kopfbedeckung, Sonnenschutz und genügend Wasser im Gepäck haben. Besser schließt man sich geführten Touren mit erfahrenen Wanderführern z. B. bei **Rhodes roads** (www.rhodesroads.com) an.

Wassersport und Motorboote

Funsportarten, die von Banana-Riding über Tretboot-, Wasserski- oder Jetskifahren bis hin zu Paragliding reichen, werden fast an jedem Strand angeboten. Außerdem ist in Griechenland das Fahren von Motorbooten bis zu 30 PS auch ohne Motorboot-Führerschein erlaubt. Boote vermietet etwa das **Wassersportzentrum Kiotári** (www.wassersport-rhodos.de).

Windsurfen und Kiten

Rhodos gilt als eines der Surfermekkas in der Ägäis. Windsurfer und Kiteboarder treffen sich besonders an der Westküste bei Ixiá, wo auch Wettkämpfe stattfinden, in Kalavárda und Theológos sowie bei Prasonísi im Süden. Die vielen guten Surfstationen, die modernes Equipment verleihen, bieten Unterricht für Anfänger und Fortgeschrittene, oft auch deutschsprachig wie bei **Surf and Kite Theológos** (www.surfandkitetheologos.com).

Sprache

Da für das Griechische kein einheitliches **Transkriptionssystem** existiert, werden griechische Bezeichnungen in lateinischer Schrift uneinheitlich wiedergegeben. Für die Suche im Navigationssystem muss man deshalb manchmal verschiedene Varianten ausprobieren. Prasonísi wird z. B. auch Prassoníssi, Ialyssós auch Ialissós, Chálki auch Hálki, Kámiros auch Kámeiros geschrieben. Die **Abweichungen** von den in diesem Reiseführer verwendeten Schreibweisen sollten deshalb nicht zu Irritationen führen.

Sowohl die Schreibweise als auch die **Akzente**, mit denen die griechischen Begriffe in diesem Buch versehen sind, sollen der richtigen Aussprache und der korrekten Betonung dienen. Besonders die richtige Betonung ist für das Verständnis vor Ort hilfreich. Englisch wird vor Ort fast überall gesprochen. Über den Versuch, ein paar Wörter Griechisch zu sprechen, freut man sich aber selbstverständlich!

Die Gewässer rund um Rhodos sind perfekt für Inselhüpfen mit dem Segelboot

Strom und Steckdose

Die elektrische Spannung beträgt in Griechenland wie in Deutschland 220 Volt Wechselstrom. Die deutschen Stecker passen in die Steckdosen, Reisende benötigen keine Adapter.

Telefon und Internet

Alle griechischen **Telefonnummern** sind zehnstellig. Da Vorwahlen inzwischen in die Telefonnummern integriert sind, müssen Ortsvorwahlen nicht zusätzlich gewählt werden. Mobilnummern beginnen stets mit einer 6, Festnetznummern mit einer 2.

Telefonkarten für die immer seltener werdenden **Telefonzellen** gibt es am Kiosk (»períptero«). Das Telefonieren mit dem **Mobiltelefon** ist auf Rhodos unproblematisch. Die **Roaming-Gebühren** sind in der EU seit Juni 2017 zumindest bis zu einer bestimmten Grenze weggefallen. Genauere Infos geben die Mobilfunkanbieter zu Hause. Das Mobilfunknetz ist generell gut ausgebaut und bis auf wenige Bergregionen ausgezeichnet. Unbedingt sollte man darauf achten, dass sich das Handy in ein griechisches Netz einwählt. In wenigen Ecken der Insel bzw. auf der Fahrt mit dem Schiff zur Nachbarinsel Sými kann es passieren, dass man anstatt aus einem griechischen aus einem türkischen Netz telefoniert. Dann wird es teuer! **Griechische Telefongesellschaften** sind Cosmote, Wind und Vodafone (GR).

Internationale Vorwahlen:

- Griechenland 00 30
- Deutschland 00 49
- Österreich 00 43
- Schweiz 00 41

In Cafés, Tavernen und Restaurants gibt es fast immer kostenloses **WLAN** (WiFi) – sogar in vielen kleinen Orten. Auch Hotels bieten diesen Service an, in kleineren Häusern ist es fast immer kostenlos, große Hotels verlangen manchmal Gebühren. In Rhodos-Stadt und in vielen Urlaubsorten gibt es außerdem Internetcafés, in der Stadt auch frei zugängliche WiFi-Spots.

Trinkgeld

Üblicherweise gibt man auf Rhodos im Restaurant oder Café ein Trinkgeld in Höhe von **10 Prozent** für guten Service. Auch Zimmermädchen, Gepäckträger im Hotel und Fremdenführer freuen sich über ein kleines Trinkgeld. In Griechenland ist es zudem üblich, sich im Lokal das Rückgeld erst geben zu lassen. Danach lässt man den Betrag, den man als Trinkgeld vorgesehen hat, einfach auf dem Tisch liegen.

Umgangsformen

Wer sich freundlich, offen und interessiert zeigt, kann auf Rhodos noch immer die typisch griechische **Gastfreundschaft** erleben. Zum guten Ton gehört es besonders in Dörfern, auch Fremde mit einem freundlichen »Kaliméra« (Guten Morgen!) oder »Kalispéra« (Guten Tag/Abend!) zu grüßen. Außerdem sollte man die Einheimischen um Erlaubnis fragen, bevor man sie fotografiert.

Der **Kleidungsstil** der Rhodier ist zwanglos. In der Stadt oder im Landesinneren sollten Urlauber jedoch nicht allzu freizügig herumlaufen und sich nach dem Strandbesuch etwas drüberziehen. In den Urlaubsorten wird das meist etwas lockerer gesehen. Ange-

messene Kleidung wird jedoch oft in Hotelrestaurants und in schickeren Restaurants bzw. Bars erwartet. In Klöstern und Kirchen müssen Schultern und Knie bedeckt sein.
FKK ist in Griechenland offiziell verboten. Einziges FKK-Hotel auf Rhodos ist das Naturist Angel Club Hotel in Paradíssi (www.naturistangel.gr), offizieller **FKK-Strand** der »Nudist Beach« bei Faliráki. In einsamen, entlegenen Buchten wird Nacktbaden – solange keine Familien und Kinder vor Ort sind – häufig toleriert.

Unterkunft und Hotels

Camping
Wie in ganz Griechenland ist auf Rhodos Wildcampen offiziell verboten und kann mit Geldstrafen geahndet werden. Auch Übernachten am Strand ist nicht gern gesehen. **Campingplätze** gibt es auf Rhodos nicht.

Ferienwohnungen und -häuser
Wer sich im Urlaub gerne selbst versorgt, findet auf Rhodos ein großes Angebot an **Apartments** (»diamerísmata«) und **Studios** (»garsoniéres«) vor. Preise und Ausstattung decken ein riesiges Spektrum ab. Immer größer wird auf Rhodos auch das Angebot an **Ferienhäusern, Bungalows** und luxuriösen **Villen**. Sie bieten meist genug Platz für die ganze Familie und haben manchmal sogar einen eigenen Pool. In einigen Orten stehen restaurierte Dorfhäuser zur Verfügung.

Hostels
Die zwei recht neuen, stylish gestalteten **Jugendherbergen,** STAY Hostel (www.stayrhodes.com) und Rhodes Backpackers (www.backpackers.com.gr) in Rhodos-Stadt bieten unterschiedlich große Gemeinschaftszimmer für Männer und Frauen, aber auch private Doppelzimmer.

Die familienfreundliche All-inclusive-Anlage Mikrí Póli befindet sich in Kolímbia

Hotels
Die Hotels auf Rhodos sind nach dem üblichen **Fünf-Sterne-System** klassifiziert. Vor der Buchung lohnt der Preisvergleich bei Internetportalen, Reiseveranstaltern und direkt beim Hotel. **Pauschalreisen** lohnen meist bei Sterne-Anlagen. Dann ist meist auch der Transfer inklusive. Während kleinere Hotels oft nur Frühstück anbieten, reicht die Verpflegung bei größeren Anlagen von Frühstück über Halbpension bis zu All-inclusive. Die meisten großen Mittelklasse- und Luxushotels und All-inclusive-Anlagen liegen in den

Küstenorten im Norden oder zwischen Kiotári und Gennádi im Süden. In der Altstadt von Rhodos-Stadt und in Líndos gibt es zahlreiche hübsche **Boutique-Hotels** in historischen Mauern. Die Hotels außerhalb der Inselmetropole sind nur zwischen Mitte April und Oktober geöffnet.

Privatzimmer

Hinweisschilder mit der Aufschrift »Rooms for rent« weisen an Privathäusern und an Pensionen in verschiedenen Orten auf **Privatzimmer** (»domátia«) hin. Die Qualität der privaten Zimmer, manchmal auch Studios, variiert. Bevor man sich entscheidet, ob man bleibt, sollte man sich die Zimmer ansehen. Vor Ort ein Zimmer zu finden ist bis auf die Zeit zwischen Mitte Juli und Ende August kein Problem. Wer lieber rechtzeitig plant, kann im Voraus auf Buchungsportalen im Internet wie www.airbnb.de buchen.

Übernachtungssteuer

Je nach Kategorie ist seit 2018 eine Gästesteuer pro Nacht und Zimmer fällig: Apartments, Ein- und Zwei-Sterne-Hotels 0,50 €, Drei-Sterne-Hotels 1,50 €, Vier-Sterne-Hotels 3 € und Fünf-Sterne-Hotels 4 €.

Verkehrsmittel auf der Insel

Bus

Die Busgesellschaften KTEL und RODA sorgen für ein dichtes Linienbusnetz auf der Insel. Busse fahren von Rhodos-Stadt nicht nur zu verschiedenen Orten, sondern auch zu den wichtigsten Sehenswürdigkeiten. Beide Anbieter starten in Rhodos-Stadt hinter der Markthalle Néa Agorá. Die **RODA**-Busse decken das Stadtgebiet, den Norden der Insel z. B. Ixiá, Ialyssós, Filérimos, Kremastí, Koskinoú, Kallithéa bis Faliráki, den Flughafen und die Westküste bis Monólithos ab. Sie starten an der G. Avérof. **Tickets** gibt es in den meisten Kiosken und Minimärkten, direkt am Bus oder am Flughafen. Infos unter: Tel. 22 41 02 63 00, www.desroda.gr

Die **Fernbusse** der Busgesellschaft **KTEL,** die an der Platía Rímini in Rhodos-Stadt starten, bedienen die Ostküstenorte und den Süden der Insel. Tickets gibt es beim Bus. Infos: Tel. 22 41 02 77 06, www.ktelrodou.gr

Auskunft über die aktuellen **Fahrpläne** erteilen auch die Touristen-Infos. Dort sind die Fahrpläne ausgehängt und meist auch in gedruckter Form erhältlich. Die Abfahrtszeiten von der eigenen Unterkunft erfragt man am besten direkt im Hotel.

Mietwagen

Am Flughafen, in Rhodos-Stadt und in fast allen Urlaubsorten werden Mietwagen, Motorräder und Roller vermietet. Neben lokalen, oft günstigeren **Autoverleihern** vor Ort haben auch zahlreiche internationale Firmen Niederlassungen vor Ort. Oft lohnt im Voraus ein Preisvergleich im Internet, wo man oft günstigere Angebote findet. Für Mitglieder bietet die **ADAC Autovermietung** günstige Konditionen an. Buchungen über adac.de/autovermietung, die ADAC Geschäftsstellen oder unter Tel. 089/76 76 20 99.

Für die **Anmietung** eines Fahrzeugs muss man mindestens 21 Jahre alt sein. Der **Führerschein** muss mindestens ein Jahr zuvor ausgestellt worden sein. Außerdem braucht man meistens eine Kreditkarte als Sicherheit. Den Wagen sollte man bei Anmietung auf evtl. Schäden prüfen. Genauer hinsehen sollte man zudem bei der **Versicherung.** Oft ist die Selbstbeteiligung auch bei Vollkaskoversicherungen sehr hoch. Da Schäden an Reifen, Unterboden und Glas meist nicht mitversichert werden, ist besonders auf Schotterpisten Vorsicht geboten.

Schiff und Taxiboot

Von Rhodos-Stadt aus werden im Sommer täglich **Tagesausflüge** zu vielen Inseln des Archipels und in die Türkei angeboten. Auch Piräus, Kreta und einige Kykladen-Inseln werden mehrmals wöchentlich von Rhodos aus angesteuert. Für Buchungen auf die anderen Dodekanes-Inseln wendet man sich an Dodekanisos Seaway (www.12ne.gr) oder an Blue Star Ferries (www.bluestarferries.com). Die App **Blue Star Ferries** ist in den Appstores von Apple und Google erhältlich.
Die lange Strecke nach **Kreta** wird von der Reederei **ANEK Lines** bedient. Informationen findet man unter www.anek.gr oder über die App aus den Appstores von Apple und Google.
Vom Hafen in Faliráki fährt in der Saison montags bis samstags viermal täglich ein Shuttle-Boot der Schifffahrtslinie **Faliraki Sea Lines** (www.falirakisealines.com) zum Mandráki-Hafen in Rhodos-Stadt.

Taxi

In Griechenland ist Taxifahren günstiger als bei uns. Die offiziell gültigen **Tarife** für Überlandfahrten oder Fahrten von/zum Flughafen finden sich bei den elf Taxiständen der Insel auf große Tafeln geschrieben. Außerdem stehen die aktuellen Preise im Internet unter www.rhodes.gr. Taxis können einfach an der Straße herangewinkt oder telefonisch bestellt werden: in Rhodos-Stadt Tel. 22 41 06 98 00, außerhalb der Stadt 22 41 06 96 00.

Zeitverschiebung

Auf Rhodos gilt die **Osteuropäische Zeit** (MEZ + 1 Std.). Reisende aus Mitteleuropa müssen ihre Uhren um eine Stunde vorstellen. Zudem gibt es Sommer- und Winterzeit.

Zollbestimmungen

Antiquitäten (älter als 100 Jahre) dürfen weder erworben noch ausgeführt werden. Verboten ist außerdem der Besitz von Verteidigungssprays (»Pfeffersprays«). Wer einen Tagesausflug in die Türkei unternimmt, sollte sich auf www.zoll.de oder vor Ort beim griechischen Zoll darüber informieren, welche Reisefreimengen bei der Einreise aus Nicht-EU-Ländern gelten.
Zwischen **EU-Ländern** ist der persönliche Reisebedarf abgabenfrei. Richtmengen für privaten Verbrauch: 800 Zigaretten, 400 Zigarillos, 200 Zigarren, 1 kg Rauchtabak, 10 l Spirituosen, 10 l alkoholhaltige Süßgetränke (Alkopops), 20 l andere alkoholische Getränke bis 22 % Vol., 60 l Schaumwein, 110 l Bier, 10 kg Kaffee. Infos: www.zoll.de bzw. www.bmf.gv.at/zoll
Bei Einreise in die **Schweiz** bleiben Waren zum privaten Gebrauch im Gesamtwert von unter 300 SFr zollfrei (inkl. Alkohol und Tabak). Zusätzlich müssen folgende Richtlinien beachtet werden: Abgabefrei sind 250 Zigaretten/Zigarren oder 250 g andere Tabakfabrikate, 5 l alkoholische Getränke bis 18 % Vol. und 1 l alkoholische Getränke über 18 % Vol. Beschränkt ist außerdem die Mitnahme von Lebensmitteln. Infos: www.ezv.admin.ch

Die Geschichte von Rhodos

um 5000 v. Chr. Aus dieser Zeit finden sich Siedlungsspuren in Líndos.

1500 v. Chr. Minoische Kreter gründen auf Rhodos Handelszentren.

1150 v. Chr. Dorer gründen die Stadtstaaten Ialyssós, Kámiros und Líndos.

700 v. Chr. Ialyssós, Kámiros und Líndos gründen mit der Insel Kos und zwei Städten an der kleinasiatischen Küste den Sechsstädtebund (Hexapolis) und werden bedeutend im Seehandel.

529 v. Chr. Rhodos unterwirft sich den Persern.

490–479 v. Chr. Rhodos kämpft auf Seiten der Perser gegen die griechischen Städte.

408 v. Chr. Die Stadtstaaten gründen Rhodos-Stadt.

336–323 v. Chr. Rhodos ist bis zum Tod Alexanders des Großen mit Makedonien verbündet.

292 v. Chr. Der Koloss von Rhodos, eines der sieben Weltwunder der Antike, wird erbaut. 66 Jahre später wird die Monumentalstatue zerstört.

166 v. Chr. Rhodos' Hafen verliert an Bedeutung, als die Insel Delos (Kykladen) zum Freihafen erklärt wird.

164 v. Chr. Rhodos wird römisch.

389 Das Christentum wird zur Staatsreligion.

395 Teilung des Römischen Reichs, Rhodos fällt an Ostrom.

7.–9. Jh. Rhodos wird von Arabern, Franken, Sarazenen und Piraten überfallen.

1306–1309 Die Johanniter erobern Rhodos und andere Inseln des Archipels.

1480 Sultan Mehmet II. belagert Rhodos vergebens für 90 Tage.

1522 Rhodos wird von Sultan Süleyman dem Prächtigen belagert.

1. Jan. 1523 Die Ritter kapitulieren vor den Osmanen und verlassen die Insel.

1912 Die Italiener besiegen in Psínthos die Osmanen und erobern Rhodos.

1943 Rhodos wird von der Wehrmacht besetzt. Über 1600 rhodische Juden werden in Vernichtungslager deportiert. Nur 150 überleben.

1945 Die Briten besetzen Rhodos.

31. Dez. 1947 Der Dodekanes wird Teil Griechenlands.

1967–1974 Militärdiktatur. Durch Volksabstimmung wird Griechenland 1975 zur demokratischen Republik.

1981 Beitritt zur Europäischen Gemeinschaft (EG/EU).

2002 Einführung des Euro.

seit 2010 Die Bankenkrise trifft die Bevölkerung hart. Immense Schulden zwingen die Regierung zu rigorosen Sparmaßnahmen. Um zahlungsfähig zu bleiben, erhält das Land von EU und IWF Kredite in Milliardenhöhe.

2018 Trotz anhaltender Schuldenkrise freut sich die Tourismusbranche über stetig wachsende Besucherzahlen.

Belagerung von Rhodos 1522: Kampf zwischen Janitscharen und Johannitern

Griechisch für die Reise

Das Wichtigste in Kürze	Aussprache	Griechisch
Ja/Nein	né/óchi	ναι/όχι
Bitte/Danke	parakaló/efcharistó	παρακαλώ/ευχαριστώ
Hallo!/Auf Wiedersehen!	Jássas!/Andío!	Γειά σου!/Αντίο!
Guten Morgen!/Guten Tag!	Kaliméra!/Kalispéra!	Καλημέρα!/Καλησπέρα!
Guten Abend/Gute Nacht	Kalispéra!/Kaliníchta!	Καλησπέρα!/ Καληνύχτα!
Mein Name ist ...	To ónoma mu íne …	Το όνομα μου είναι …
Entschuldigung!	Signómi	Συγνώμη!
Achtung!/Vorsicht!	Prossochí!	Προσοχή!
Ich verstehe Sie nicht	δen sas katalawéno	Δεν σας καταλαβαίνω
Wie viel kostet das?	Pósso koss-tísi aftó?	Πόσο κοστίζει αυτό;
Damen/Herren	Ginekón/Andrón	Γυναικών/Αντρών
geöffnet/geschlossen	anichtó/klistó	ανοιχτό/κλειστό
gestern/heute/morgen	chtés/símera/áwrio	χτές/σήμερα/αύριο
Wo ist ...?	Pú íne …?	Πού είναι …?
Ist das der Weg nach ...?	Aftós íne o δrómos giá …?	Αυτός είναι ο δρόμος για …?
Ich möchte ...	Θélo …	Θέλω …
Die Rechnung, bitte!	Ton logariasmó, parakaló!	Τον λογαριασμό, παρακαλώ!
Auto	aftokínito	αυτοκίνητο
Tankstelle	wensináδiko	βενζινάδικο
Super/Diesel	súper/dísel	σούπερ/ντίζελ
bleifrei	amóliwδi	αμόλυβδη
Panne	wláwi	βλάβη

Wochentage

Montag/Dienstag	δeftéra/Tríti	Δευτέρα/Τρίτη
Mittwoch/Donnerstag	Tetárti/Pémpti	Τετάρτη/Πέμπτη
Freitag/Samstag	Paraskewí/Sáwwato	Παρασκευή/Σάββατο
Sonntag	Kiriakí	Κυριακή

Monate

Januar/Februar	Ianuários/Fewruários	Ιανουάριος/Φεβρουάριος
März/April	Mártios/Aprílios	Μάρτιος/Απρίλιος
Mai/Juni	Máios/Iúnios	Μάιος/Ιούνιος
Juli/August	Iúlios/Áwgustos	Ιούλιος/Αύγουστος
September/Oktober	Septémwrios/Októwrios	Σεπτέμβριος/Οκτώβριος
November/Dezember	Noémwrios/δekémwrios	Νοέμβριος/Δεκέμβριος

Zahlen

1 éna ένα	4 téssera τέσσερα	7 eftá εφτά	10 δéka δέκα
2 δío δύο	5 pénde πέντε	8 ochtó οχτώ	100 ekató εκατό
3 tría τρία	6 éxi έξι	9 enniá εννιά	1000 chília χίλια

Hinweise zur Aussprache

Θ wie englisches »th« in »thanks«, mit der Zungenspitze zwischen den Zähnen
δ wie englisches »th« in »the«, mit der Zungenspitze hinter den Zähnen
´ der Buchstabe mit Akzent wird betont

Alle Blickpunkt-Themen in diesem Band:

Register

Bildnachweis
Titel: Ágios-Pávlos-Bucht vor der Akropolis von Líndos
Foto: **Shutterstock.com** (Lubos K)
Rücktitel: links: **Shutterstock.com** (Tatiana Chekryzhova); rechts: **Shutterstock.com** (ian woolcock)

Alamy Stock Photo: Hercules Milas 5.2; robertharding 8/9; Hackenberg-Photo-Cologne 13.2, 63, 95.2; G. Atsametakis 104 – **AWL Images:** D. Pearson 93; Robert Birkby 115 – **Bildagentur Huber:** G. Simeone 17; R. Schmid 23; L. Da Ros 70/71 – **Elysium Resort & Spa:** HarryZampetoulas 67 – **Fotolia:** rega80 2.1; vladimircaribb 9; zoryanchik 11.3, dziewul 36; Vladyslav Danilin 65; ian woolcock 76 – **gemeinfrei** 136 – **Getty Images:** F.-M. Frei 18/19; B. Raften 31; Lonely Planet 90; Robert Harding 110/111 – **Glow Images** 74 – **Huber Images:** M. De Santis 14/15; D. Erbetta 144 – **Imago:** imagebroker 28 – **Klio Verigou:** 47 – **laif:** B. Jaschinski 62 – **Lookphotos:** The Travel Library 4/5; I. Pompe 75; robertharding 95.1; age fotostock 116/117 – **mauritius images:** R. Hackenberg 12.3, 32, 106, 109.1, 109.2; Hackenberg-Photo-Cologne/Alamy 13.3, 37, 46, 55, 79, 85, 99; P. Williams 26, 37; P. Forsberg/Alamy 38; I. Dagnall/Alamy 40/41; R. Drinkwater/Alamy 42; lugris/Alamy 45; K. F. Schöfmann 49; J. C. Muñoz 51.1; colinspics/Alamy 78; S. French/Alamy 83; G. Balfour Evans/Alamy 84; C. Handl 88/89, 105 – **Shutterstock.com:** ian woolcock 6.1, 11.1, 34, 43, 56, 69, 114; Katvic 10.1; Philippos Philippou 10.2, 25; Iva Vagnerova 11.2; Creatikon Studio 12.1; santypan 12.2; Aerial-motion 13.1; nikolpetr 24; Alexandr Medvedkov 44; leoks 52; Porojnicu Stelian 59; Lubos K 61; Tomasz Czajkowski 64; Anton Veselov 77; Styve Reineck 80; kostasgr 86; Peter Zaharov 100; Nemo1963 103; Moskwa 109.3; Baronb 128; Netfalls Remy Musser 131; Piotr Wawrzyniuk 133 – **stock.adobe.com:** Marytog 581

Zum Zeitpunkt der Drucklegung waren die Auswirkungen von Covid-19 auf das Hotel- und Gastgewerbe vor Ort noch nicht vollständig abzusehen. Bitte informieren Sie sich über die jeweiligen Internetadressen.

Herausgeber: GRÄFE UND UNZER VERLAG GmbH, Postfach 86 03 66, 81630 München
Leitender Redakteur: Benjamin Happel
Autorin: Klio Verigou
Verlagsredaktion: Gernot Schnedlitz
Lektorat: Angelika Holdau
Satz: uteweber-grafikdesign
Bildredaktion: Dr. Nafsika Mylona, Tobias Schärtl
Reihengestaltung: Independent Medien Design, Horst Moser, München; Eva Stadler, München
Kartografie: Huber Kartographie GmbH, www.kartographie.de; Kunth Verlag GmbH & Co. KG, München
Herstellung: Mendy Willerich
Druck + Bindung: Drukarnia Dimograf Sp z o.o. (Polen)

Ansprechpartner für den Anzeigenverkauf:
KV Kommunalverlag GmbH & Co. KG, MediaCenter München, Tel. 089/928 09 60

GRÄFE UND UNZER

Ein Unternehmen der
GANSKE VERLAGSGRUPPE

ISBN 978-3-95689-777-1
2., unveränderte Auflage 2022

© 2021 GRÄFE UND UNZER VERLAG GmbH, München
ADAC Reiseführer Markenlizenz der ADAC Medien und Reise GmbH, München

Leserservice
adac@graefe-und-unzer.de
Tel. 00800/72 37 33 33 (gebührenfrei in D, A, CH)
Mo–Do 9–17 Uhr, Fr 9–16 Uhr

Das Werk einschließlich aller seiner Teile ist urheberrechtlich geschützt. Jede Verwendung ohne Zustimmung von Gräfe und Unzer ist unzulässig und strafbar. Das gilt insbesondere für Vervielfältigungen, Übersetzungen, Mikroverfilmungen und die Verarbeitung in elektronischen Systemen.
Die Daten und Fakten für dieses Werk wurden mit äußerster Sorgfalt recherchiert und geprüft. Wir weisen jedoch darauf hin, dass diese Angaben häufig Veränderungen unterworfen sind und inhaltliche Fehler oder Auslassungen nicht völlig auszuschließen sind. Für eventuelle Fehler oder Auslassungen können Gräfe und Unzer, die ADAC Medien und Reise GmbH sowie deren Mitarbeiter und die Autoren keinerlei Verpflichtung und Haftung übernehmen.

Aus Gründen der besseren Lesbarkeit wird in diesem Buch bei Personenbezeichnungen das generische Maskulinum verwendet. Es gilt gleichermaßen für alle Geschlechter.

Bei Interesse an maßgeschneiderten B2B-Produkten:
roswitha.riedel@graefe-und-unzer.de

Anzeige

Qualitätsmietwagen von Premium-Anbietern mit All-Inclusive-Leistungen.

Buchen Sie jetzt Ihren ADAC Mietwagen mit Rundum-sorglos-Paket und Best-Preis-Garantie auf adac.de/autovermietung, unter (089) 76 76 20 99 oder in allen ADAC Geschäftsstellen.

Ihr persönlicher Gutschein-Code im Wert von 20 Euro* ist hier abrufbar: adac.de/ferienmietwagen-gutschein

* Nur gültig für eine Mietwagen-Anmietung bis einschließlich 31.12.2022 mit einer Mindestmietdauer von 5 Tagen.

ADAC

Die Nr. 1 unter den Campingführern Europas!

Rund 6.000 besonders attraktive Campingplätze:

- **Detailliert, umfassend, zuverlässig:** Von unabhängigen ADAC Experten geprüfte Informationen
- **Aktuell:** Preise, Platzbeschreibungen und -bewertungen
- **Bewährt:** Differenzierte ADAC Campingplatz-Klassifikation und 5-Sterne Bewertungssystem
- **Extra:** ADAC Vergleichspreise für eine Musterfamilie bieten schnellen Kostenüberblick

Überall, wo es Bücher gibt, und beim ADAC.
adac.de/shop

Jetzt sparen mit der neuen ADAC Campcard 2022 – attraktive Rabatte, Sonderpreise sowie Ermäßigungen

PiNCAMP – das Campingportal des ADAC

ADAC Camping GmbH

Unterwegs auf Rhodos

Segway
In zwei Stunden entlang der wichtigsten Attraktionen der Altstadt oder lieber eine Zeitreise, Alt- und Neustadt inklusive? Oder vielleicht gleich drei Stunden auf Rädern, auch bei Nacht? Dann ist eine Segway-Tour genau das Richtige für Sie.

■ Kontakt auf S. 33

Esel und Maultiere
Die einst als Nutztiere gehaltenen Esel schleppen inzwischen anstelle landwirtschaftlicher Erträge fußmüde Besucher auf die Akropolis von Líndos. Um die Tiere nicht übermäßig zu quälen, sollte man an heißen Tagen auf den Ritt verzichten.

■ Siehe »ADAC Mobil«, S. 72

Motorboot
Kleine Motorboote bis 30 PS darf man in Griechenland auch ohne Bootsführerschein mieten und fahren. Nach kurzer Einweisung fühlt man sich schnell wie ein Kapitän, und es geht los zur Küstenerkundung auf eigene Faust.

■ www.easyboat.gr

Fahrrad
Wer gern Rad fährt, hat in Rhodos-Stadt an fünf Verleihstationen die Möglichkeit, eines zu leihen. Die Registrierung erfolgt entweder online oder gleich vor Ort an den Automaten mit Kreditkarte. Fahrradwege sucht man allerdings vergeblich!

■ http://rhodes.cyclopolis.gr

Auto und Bus
Obwohl die wichtigsten Sehenswürdigkeiten auf Rhodos gut per Bus erreichbar sind, lohnt sich die Anmietung eines Fahrzeugs für ein paar Tage. Sehenswerte Klöster und Dörfer sowie abgeschiedene Strände und Landschaften sind per Mietwagen besser erreichbar.

■ Details auf S. 134